JN187605

奇跡の醤（ひしお）

陸前高田の老舗醤油蔵
八木澤商店　再生の物語

竹内早希子

祥伝社

奇跡の醤（ひしお）——陸前高田の老舗醤油蔵　八木澤商店　再生の物語

プロローグ

「ものごとは、一を百にするよりも、ゼロから一を生み出すことのほうがはるかに難しい。でも、そこに関わることで人は成長できます。

ゼロが一になるまでの間には、実は目には見えない〇・〇〇一とか、〇・〇〇〇一とかのちっちゃな、ちっちゃな力の積み重ねがある。それが全部集まって、やっと一になるんです。

醸造業でも、教育でも、全部同じです。私はそこに、とても意味を感じます」


二〇一五年秋の終わり、陸前高田市。

被災地の夕暮れは、一瞬で闇に包まれる。かつて市街地だったこの場所は、東日本大震災から五年がたとうとする今も更地のままで、人の気配がない。

唯一の明かりは、時折すれ違う対向車のヘッドライトのみだ。

闇の中で車を走らせながら、この地で二百年あまり続く老舗醤油蔵、八木澤商店九代目の河野通洋は、冒頭の言葉を口にした。

彼は、二〇一一年三月十一日、陸前高田を襲った津波によって、二百年の歴史を持つ土蔵をはじめ、醤油屋にとって命といえるもろみや杉桶、製造設備のすべてを失った。

被害総額は二億円以上、ゼロどころか、マイナスからのスタートだった。

あれから五年、八木澤商店も、陸前高田も、いまだ再建の途上にあるが、通洋は、「ゼロを一にする」チャレンジを続けている。

「すべてはこの国の未来のために、です。ここに関わる社員とか、地域の人とか、来てくれる人の居場所をつくることです。

あなたでなければできない仕事だ、あんたがいてくれたから良かった、助かったたっていうふうな人、いっぱいここから生み出していきたいんですよ」

同じ時代にこういう人たちがいる。だから、生きていることが嬉しくなる。約四年間の取材の間、私には、そう思える瞬間がいくつもあった。

*

二〇一一年三月十一日、食品流通会社の品質管理部門に在籍していた私は、東京で地震に遭遇した。

二三区内のほぼ全域で震度五弱以上を観測し、電車はストップした。道路は大渋滞し、通勤客の帰宅の足は止まり、首都圏は大混乱に陥った。

テレビからは、津波の映像に加え、翌日から福島第一原発の水素爆発、メルトダウンといった言葉が飛び交い始めた。

——世界は変わってしまった……

——震災が起こる前の世界にはもう戻れないのだ……

気にかかるのは、二〇〇四年に出張で陸前高田を訪れて以来、業務を通じて関わりを持っていた八木澤商店のことだった。

（本社も工場も、気仙川のそばだった。皆、流されてしまったかもしれない……）

一名を除く八木澤商店の人々の無事を知ったのは、震災から十日近くたとうとする頃だった。無事を喜びつつ、驚かされたのは、

「鍋でもやかんでもいいから売って商売する。そうすれば、自分もやろうって立ち上がる人が出てくるから」

という、彼らの再建の決意だった。一体なんという人たちか、という驚きとともに胸がいっぱいになった。

仕事を通じ、その後の八木澤商店の歩みをみつめながら、この人たちの物語を残さなければ、という思いが募っていった。

「はい、うちはいつでもウェルカムです！」

取材依頼の長い手紙を書き、ようやくつながった電話の向こうは、河野通洋だった。それま

で仕事を通じて交流があったのは通洋の父、和義(かずよし)で、通洋と面識はなかったが、彼の声は底抜けに明るく、緊張がいっきに緩んだ。

震災から一年がたとうとする二〇一二年三月に東京で通洋と会い、翌四月、私は陸前高田の地に立った。雪がちらつく日のことだった。

目次

装丁・本文デザイン
坂川栄治+鳴田小夜子(坂川事務所)

陸前高田　周辺地図

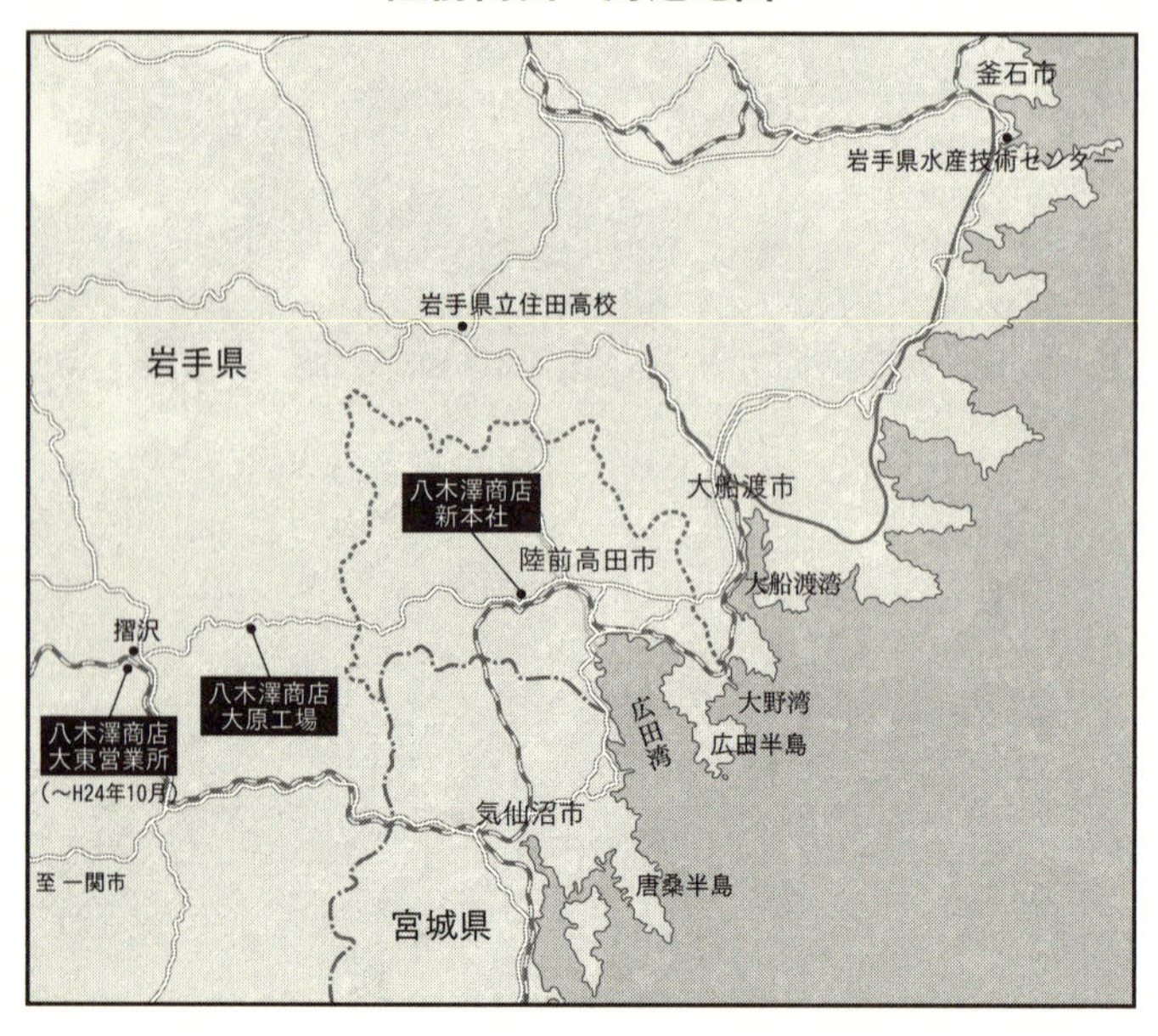
釜石市
岩手県水産技術センター
岩手県立住田高校
岩手県
大船渡市
八木澤商店
新本社
陸前高田市
大船渡湾
摺沢
八木澤商店
大原工場
八木澤商店
大東営業所
（～H24年10月）
大野湾
広田湾
広田半島
気仙沼市
至 一関市
唐桑半島
宮城県

陸前高田市街地図

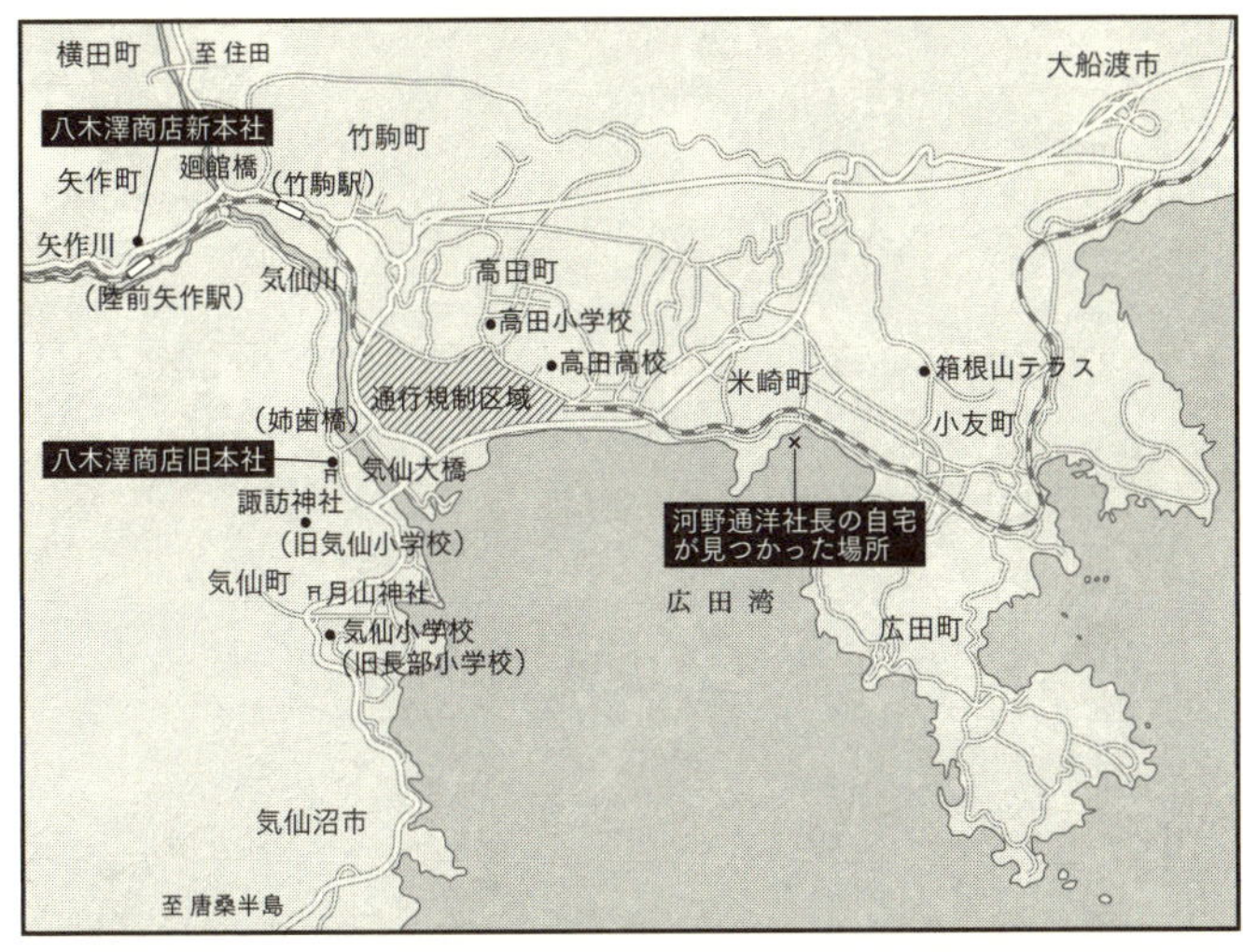

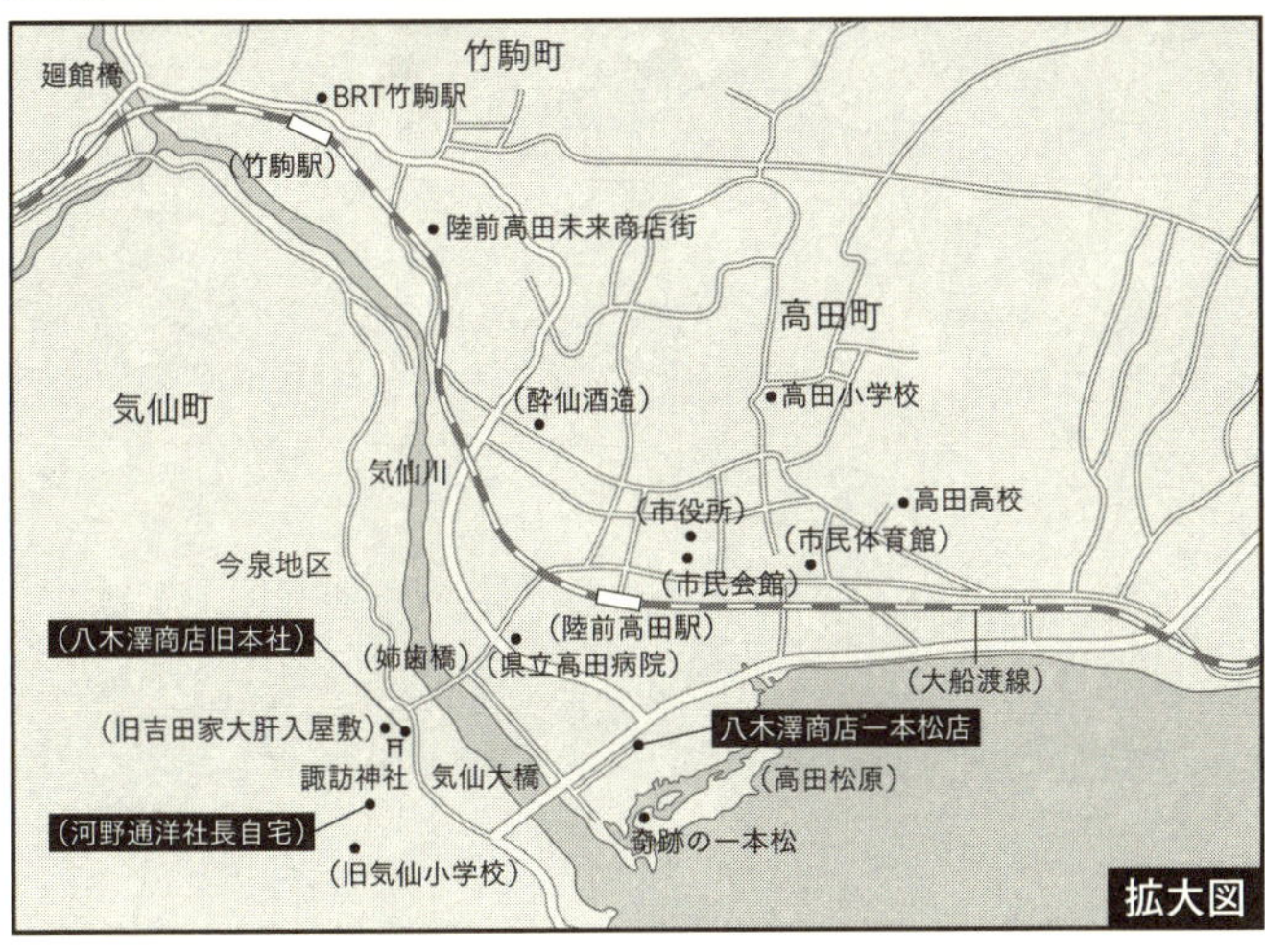

（カッコは震災前の場所）

文中に登場する人物の年齢、名前（苗字）は、二〇一一年当時のものです。

写真提供

カバー　表　らでぃっしゅぼーや（株）
カバー　裏　八木澤商店
帯　八木澤商店
目次　八木澤商店

章扉
第1、2、3、5、9、10章　八木澤商店
第4、8、12章　竹内早希子
第6章　及川和志
第7章　Ｒａｄｉｘの会
第11章（上）八木澤商店（下）職人醤油

町を呑み込む津波

第1章
二〇一一年三月十一日

岩手県陸前高田市　八木澤商店

ゆったりと、川が流れていた。川面は、いちめんの雲に覆われた空を映している。光の加減でところどころ灰色だったり、銀色に輝いたりしながら、海へ続いていた。

カモメが数羽、ゆうゆうと空を舞っている。

岩手県気仙郡住田町の高清水山を水源とする気仙川は、アユやイワナ、ヤマメが棲む清流だ。ミネラル分がたっぷり含まれた気仙川の水が注ぎ込む広田湾では、ワカメや牡蠣、ホタテなどの海の幸が養殖されている。かぎりなく広がる美しい海のゆりかごに揺られ、夢見るようにすくすくと、育っていた。

三月から四月にかけて収穫の最盛期を迎える広田湾のワカメは、やわらかくて厚みがあり、こりこりとした心地よい歯ごたえと、豊かな香りがする。今、収穫の準備で漁師たちは大忙しだ。

気仙川が広田湾と溶け合う前、最後に旅をする陸前高田市の両岸には、商店街や昔ながらの町並み、人々の住む家が広がっている。

気仙川の右岸、気仙町今泉地区。ここには、陸前高田市の中でも特に古い町並みが残っており、「なまこ壁」という白いななめ格子模様の蔵が立ち並んでいる。なまこ壁は、土の壁に平らな瓦を張り、そこに白い漆喰を盛り上げてつくったものだ。

味噌屋、醤油屋が並び、そこをカラコロとゲタを履いて、着物を着た子どもたちが走っていてもおかしくないような、昔の雰囲気が漂っている。

今泉地区の通り沿いに、古い二階建ての店がある。八木澤商店だ。なまこ壁に灰色の瓦屋根。二階正面に白いよろい扉がでんと構え、「八木澤」と黒々と筆文字で書かれた木の看板。

店の入口横には、臙脂色の布地に「創業　文化四年　味噌醤油醸造元　株式会社　八木澤商店」と白く染め抜かれた暖簾がかかっている。文化四年、西暦でいうと一八〇七年、今から二百年以上前。江戸時代だ。

八木澤商店の敷地内の、ある蔵の中から、

ボコ……ボコ……ボコ……

プチ、プチ、プチ……

誰かがつぶやいているような、おしゃべりしているような音が聞こえてくる。暗闇の中に、小さなランプがともっている。

ポコッ、ポコッ、ポコッ……

ランプで照らされた木の床に、いくつも大きな穴があいている。穴の直径は二メートルくらいで、大人の背丈より大きい。中に、赤茶色いドロドロした味噌のようなものが入っていて、あちこちからゆっくり、ぷつぷつ……と泡が吹き出ている。

ここは、醤油をつくる、仕込み蔵。大きな穴に見えるのは、気仙杉でできた桶だ。

気仙川の上流の山々で育った気仙杉は、香りがよく、軽くてやわらかい、良質な木材になる。

桶の中のドロドロ味噌の正体は「もろみ」。醤油のもとだ。「もろみ」を搾ると、醤油ができる。漢字で書くと「諸味」。いろんな味のもと、そんな意味だろうか。

腕のいい桶職人がつくった杉桶は、使い始めて百五十年になるが、ゆるんだり、漏れたりすることなく、今日もしっかり、もろみを育てている。

ぷつ、ぷつ、ぷつ……

つぶやいているのは、この桶の中のもろみだ。

醤油づくりを簡単にいうと、蒸した大豆と炒った小麦を合わせて「醤油麹」をつくり、これに塩水を混ぜて、杉桶で長い期間発酵させて「もろみ」をつくる。できあがったもろみを搾ったものが、醤油だ。

しかし人間が大豆と小麦と塩を混ぜただけでは、醤油をつくることはできない。こねても、たたいても、丸めても、つくれない。醤油づくりの主役は、人間ではない。目に見えない、小さな微生物たちだ。

大豆のタンパク質と小麦のデンプンを分解して、醤油の味や色のもとをつくる「麹菌」。醤油の味に深みを与えたり、香りの成分をつくったりする「乳酸菌」。その醤油屋独特の香りの成分をつくる「酵母」。

これらの微生物は、醤油麹をつくる「麹室（むろ）」や、もろみを発酵させる、土蔵の「つくり蔵」の天井や柱、土壁、桶などにたくさん棲みつき、そこでしかできない風味、「蔵ぐせ」をつくりだす。

微生物たちは、長い長い年月をかけて、独自の進化をするから、このもろみは、日本中、いや世界中どこを探しても、ここのつくり蔵、この桶の中にしか存在しない。

「桶ともろみは命の次に大切にしろ」

どこの醤油屋でも代々言い伝えられる、商売の宝物だ。

外の気温は二℃。岩手の春はまだ寒いが、杉桶に抱かれて、もろみはのんびりとまどろんでいる。八木澤商店のもろみは、岩手県で育った大豆と小麦でつくられている。やがて桜が咲いて、夏がきて……、めぐる季節の中で、ゆっくり熟成されていくのだ。このもろみも、熟成させて二年たつ今年の秋には搾られ、香り高い醬油になるはずだ。

岩手県気仙郡住田町　十四時四十六分

気仙川の河口から上流に遡ること二〇キロ。気仙川と支流の合流地点に建つ、岩手県立住田高校の体育館で、河野千秋（四〇）は、生徒に声をかけていた。

「ハイ、次！　うん、いいよ！」

ボールが弾む音、シューズが床にこすれるキュッ、キュッという音が軽やかに反響する。

八木澤商店九代目、河野通洋（三八）の妻である千秋は、学習支援員として住田高校に勤めている。体育大学出身ですらりと背が高く、はつらつとした彼女は、放課後、女子バレーボール部で生徒と一緒に汗を流すのが日課だった。

気仙杉を産出する山々に囲まれた住田高校は、生徒数一八〇人あまりの、こぢんまりした学校だ。

三月三日に三年生の卒業式を終え、今日は一、二年生の登校日。二日前に新一年生の入学試験も終わり、三年生がいなくなった校内は、少し気の抜けた空気が漂っている。千秋以外の職員は、職員会議の最中だ。

「はい、その調子！」

ボールを打ち上げながら、一瞬床が揺れたような気がした。時計は十四時四十六分を指している。

次の瞬間、突き上げるような衝撃に襲われた。

「キャーッ」

生徒が悲鳴をあげながらしゃがみ込む。千秋も、床にしがみつきながら、一旦揺れがおさまるのを待とうと思った。

しかし、いっこうに揺れはおさまらない。それどころか、激しい横揺れが、想像を超えて大きくなっていく。周期の大きな、ゆっくりとした揺れ方だった。

ギシ、ギシ、と体育館が大きくきしむ。

（普通の地震じゃない……、このままだと、体育館が崩れるかもしれない）

しかし、立ち上がることができない。それが十分近くも続いたように感じられた。

動けそうなタイミングを見計らって、千秋は生徒に声をかけた。

「みんな出て！　校庭いくよ！　出て、出て！」

体育館にいたバスケットボール部の男子生徒たちも促（うなが）しながら、校庭へ急ぐと、校舎にいた生徒たちがベランダに出ていた。

「せんせーい、どうしよう。壁のもの全部落ちちゃった」

「時計とかいろいろ割れちゃってるー」

千秋は叫び返した。

「揺れおさまったら、割れたもの踏まないようにして校庭来て！」

千秋は生徒を校庭に集めながら、ふと、

（あ、子どもたち迎えにいかなきゃ）

と思った。

千秋には、河野通洋との間に、通明（小五）、義継（小三）、千乃（小一）の三人の子どもがいる。

二日前の三月九日にも、震度五の地震があった。津波警報が発令され、高さ五〇センチの津波が来た。その時、小学校から、

「地震があったら、すぐ迎えに来てください」

と保護者に通達があったのを思い出したのだ。

そういえばあの時、不思議なことに、近くの沼の水が全部引いた。

「なんか、気持ち悪いねえ」

みんなでうわさしていたところだった。

（大丈夫、お迎えは通洋さんが行ってくれるだろう）

子どもたちが通う気仙小学校は、八木澤商店の目と鼻の先だ。

通洋にかけた携帯電話はつながらなかったが、まず、生徒を無事に帰宅させなければならない。職員会議を中断して集まってきた教職員たちと相談し、すぐ下校させることにした。

地震の被害状況を知りたいと思い、通勤に使っている車に乗ってエンジンをかけ、カーラジオをつけると、

「……現在、大津波警報が出されています。岩手、宮城、福島は大津波警報です。六メートルを超える津波が予想されます」

緊迫したアナウンサーの声が飛び込んできた。

子どもたちが気がかりだったが、

(気仙小学校は広域避難所だし、たぶん、なんとかなっているだろう)

千秋は楽観的に考えた。

山あいにある住田高校の生徒の多くは、路線バスで通学している。

しかし、なかなかバスが来ないので、待つことに飽きた生徒たちは、白い息を吐きながら校舎のまわりをのんびり散歩していた。

「さっきの地震、かなり大きかったからダイヤが乱れてるんでしょう。バスはあてにできないかもしれない」

教職員間で相談し、手分けして生徒を車で送り届けることになった。

千秋も、一年生を六人、二年生を一人、合計七人乗せていくことにした。一年生は全員陸前

高田市から通ってきていたが、ただひとり、二年生の生徒は大船渡（おおふなと）市から来ていた。彼は、大船渡線の陸前高田駅から電車に乗って帰る、というので千秋の車に乗せたのである。

彼らが車に乗り込んだ頃には、すでに陸前高田駅は大津波によって消失していたことなど、知るよしもなかった。

岩手県陸前高田市気仙町　十四時四十六分

河野通洋は、気仙川沿いの公民館で金曜日の定例会議に、八木澤商店専務として参加していた。通洋の父であり、社長で八木澤商店八代目の和義は、東京に出張中だ。

次年度の経営計画を練るため、皆で熱を込めてアイデアを出し合い、話し合っていたその時。

「あ、地震だねぇ」

通洋と、営業課長の吉田智雄（よしだともお）（四三）は顔を見合わせた。

ミシミシと音を立てて、建物が揺れている。

「最近多ぐねえか？」

机がぐらぐら揺れ始めた。いったん話を止（や）め、地震がおさまるのを待った。

「長(なげ)えなあ……」

揺れは、おさまるどころかどんどん強くなっていく。しがみついた机は踊るように動き、振り落とされないようにするのが精一杯だ。

「窓あけろっ、逃げろ！」

新しい公民館だが、中にいたら危ないかもしれない。通洋は、机にしがみつきながら社員に避難指示を出した。地震はまだ続いている。ガラガラッと家の瓦が落ちる音がする。

「これはただごとじゃない……」

この世の終わりか、と思うような激しい揺れだった。地震が珍しくない地域とはいえ、こんなに大きな揺れが、今のように十分近くも続いたことはなかった。津波が来るかもしれない。胸騒ぎがする。通洋は、公民館を出て、すぐに八木澤商店へ戻り、高齢の祖母をおぶって裏の駐車場へ走った。災害が起きた時は、この駐車場に集まって点呼を取ることに決めていた。

「人数足りないな、まだ工場に残ってる者がいるはずだ」

走って確認に行くと、商品の醤油が落ちて割れ、散乱していた。

「専務、どうしましょう、止まらないんです！」

工場内では機械が壊れ、パイプから醤油がジャバジャバと噴き出し、あたりに匂いが立ちこめていた。

必死で止めようとしている社員に、通洋は、大声で呼びかけた。

「津波来るぞ、あぎらめろ！　そんなの放っとけ！」

それでもなんとかしようと思うのか、なかなか離れないので、怒鳴った。

「すぐ逃げろ！　早ぐしろ!!」

天井近くまでの高さのタンクが大きく揺れ、上からもろみがドバッ、ドバッ、と降ってくる。入口から動けず、扉にしがみついている社員にも叫んだ。

「早ぐ、早ぐ！　外さ出るぞ！」

「オレ、水門閉めなきゃなんねえがら、ちょっと行ってきます」

社員のひとり、佐々木敏行（四七）が通洋に声をかけた。地元の消防団では、津波警報が出たら、津波が川を逆流してこないように、河口の水門を閉めると決めていた。佐々木は消防団員だった。

「今から行っても遅いがら、第二避難所行きましょう！」

八木澤商店では、津波警報が出たら、裏山にある諏訪神社を第二避難所として移動することにしていた。

「すんません……、けど行ってきます」

通洋も、強く引き止めることはできなかった。

佐々木敏行は、走っていった。それが、彼を見た最後になった。

駐車場で点呼を取った後、

「動けないおばあちゃんたちが、まだ家ん中残ってる」

という情報を聞いた通洋と吉田智雄、何人かの社員は、お年寄りを助けるために町中へ戻った。八木澤商店は、今泉地区の中では「若手集団」だ。普段、避難訓練で担荷を使ってケガ人を運ぶ訓練をしていた。

「担荷は間に合わねえな」

背負って、諏訪神社の階段を駆け上がった。

ほかの社員たちは、市の指定避難所である仲町（なかまち）公民館に向かった。寒かったので、暖が取れる場所を選んだ。

仲町公民館は、避難してきた人たちでごった返していた。地域のおばさんたちが、炊き出しの準備を始めている。自家発電機を準備したり、姿の見えないお年寄りを連れに戻る人もいた。通洋の叔母の姿もあった。

「なんか……、ものすごく大きい地震だったよねえ……。ここじゃ、危ない気がする……」

社員のひとりが、しきりに言った。

去年も大きな地震があったし、このあたりでは震度五程度の地震はそれほど珍しいわけではない。しかし、さっきの地震は十分近くも続いた。公民館から海の様子は見えないが、いつもと違う……、大きな津波が来るかもしれない、という不安を、他の者も感じていた。

何より、八木澤商店では、津波警報が出た時の避難場所は「諏訪神社のある裏山」と決めていた。避難訓練と違う場所にいることが、なんとなく落ち着かない。

「やっぱり、お諏訪さまに行こう」

公民館に避難していた人たちも、何人か同じように八木澤商店社員に続いた。社員たちは、山道を駆け上がるようにして登った。そこで、お年寄りを背負った通洋らと合流した。

「急げ、急げ！」

裏山を登り切り、頂上の神社の木の間から、町を見おろした。ここからは、広田湾、気仙川、陸前高田の町がよく見える。

「あれ、見て……気仙川の水が、全部引いてる……」

「やっぱり、津波が来っかもしんねえなあ」

社員たちは、近所の人々とガヤガヤ話している。

水が引いてから、二十分もたっただろうか。

「あー……来た来た来た来た……」

気仙川を津波が逆流している。静かな波が、サーッと川を遡っていくように見える。続いて、第二波が襲ってきた。

「あれ……、おかしいぞ。さっきのはそんなでもなかったけど……」

「今度の、床上浸水いっちゃったかもしんないね」

津波はさらに押し寄せてきた。広田湾の二つの防潮堤を、真っ黒な津波が大きなしぶきをあげながら越える。波しぶきが大きすぎて判然としないが、上空に黄土色の煙が舞い上がっているところが津波に襲われている場所らしい。それがみるみるうちに近付いてくる。

最盛期を迎えていたワカメの養殖施設はもはや跡形もなく、津波は巻き込んだものごと、気仙川を遡っていく。

逆流している気仙川はみるみるうちにあふれ、堤防が決壊した。

「あー、あたしの車――！」

口々に悲鳴があがった。堤防そばの駐車場に、通勤で使う車を停めている者が何人かいた。おもちゃのように、車が軽々と流されていく。

津波はそのままいっきに町に流れ込み、川沿いの家や電柱が、すうっとなぎ倒されていく。

その時、神社の階段を女子社員が駆け上がってきて、通洋に叫んだ。

「専務、専務の家の鍵ください。光枝(みつえ)さんが、中に入れないから持ってきて、って」

八木澤商店から徒歩五分の通洋の自宅は、周囲より少し高い場所にあった。

津波警報が出たら、親戚は通洋の自宅に集まることになっていたため、通洋の母、光枝は通洋の自宅に向かっていた。

「うちの鍵って……、後ろ見てみ」

「後ろ……、えっ」

振り返って町を呑み込む水しぶきを目にし、絶句している社員に、

「間に合わない。光枝さんはあぎらめろ」

通洋は胸の中で母に詫(わ)びながら、短く言った。

津波はさらに襲いかかってくる。やがて悲鳴も会話もなくなり、ゴゴー、バキバキッ、家がきしむキューッという音だけが聞こえる。

醤油の原料を保管していた、気仙川沿いの倉庫が崩れるのが見えた。社員ふたりが、同時に叫ぶ。

「あ、原料調達して、今日満杯だったのに!」

「小麦、トラックから積みおろしたところだったのに。もったいない!」

波の間に、黄緑色の橋が見え隠れしている。気仙川にかかる鉄骨トラス式の姉歯橋(あねはばし)はぐにゃりと曲がり、左岸から離れて右岸にはりついた。

津波は陸前高田市の中心部に襲いかかった。市民体育館にぶつかり、巨大な波しぶきがあがった。すぐそばの市民会館にも、市役所にも、大勢の人々が避難しているはずだ。呑み込まれた建物は上空まで飛沫と煙に覆われ、見えなくなった。

姉歯橋に続いて、気仙川の河口にかかる気仙大橋が変形しはじめた。全長約一八〇メートル、幅約一二メートルの橋だ。

その橋桁が、いとも簡単にふたつに分断され、ひとつずつ落ちた。落ちた橋桁は、そのまま上流に向かって回転しながら流されていく。わずか三十秒あまりの出来事だった。

すぐに警報が解除されて帰れるはずだ、と思っていたので、社員たちは作業服のままだった。震えるような寒さだが、感覚がない。誰も言葉が出ない。

「人間って、自分の体験したことのある範囲の中でしか、ものを考えられないんですね。第三波が来たあたりで、プチーンて思考がショートしちゃって」

のちに、避難する時にたまたまつかんで行ったカメラで一部始終を撮影した、八木澤商店社員の阿部史恵（あべふみえ）は語った。

姉歯橋と気仙大橋が落ちた瞬間、彼女はこんなことを考えたという。

（えーと……橋が渡れなくなったから、私はどうやって家に帰ったらいいのかな）

阿部の家は、市役所や市民会館がある、高田地区だった。

「どう考えてもおかしいんですよね。帰るとか帰らないとかいう状況じゃない。家が流されてるのもわかってるのに、そんなこと思うなんて」

そして、通洋の目の前で気仙小学校が呑み込まれた。声が出なかった。

大柄ではないが、がっちりした体格と張りのある声、いつも周囲にエネルギッシュな空気をふりまく通洋が、その時は力を失ったかのように見えた。

津波は、三階建ての校舎を突き抜けた。広域指定避難所なので、子どもたちの他にも地元の住民たちが大勢、避難しているはずだ。

（通明、義継、千乃……）

通洋は、胸の中で我が子の名を呼んだ。

(たぶん、ダメだっただろう)

どんなに忙しい時でも、子どもたちの笑顔があれば頑張れた。彼らを失う人生など考えられない……。

そこにいる誰も、言葉を発しなかった。

濁流と水しぶきに呑まれた家屋が転がり、クルクル渦を巻いて回っている。

一瞬のうちに、眼下の今泉の町並みも、八木澤商店の工場も、土蔵も、あっけなく、めちゃくちゃに押し潰され崩され、いとも簡単に、流されていった。阿部史恵はいう。

「なんだかね、ああ全部終わったな……って思いました。工場も蔵も、小川の小石をせせらぎがなでるような、カラカラ、サラサラ、っていうような、とてもきれいな音をたてて、目の前できれいに崩れていくのを見て。この先、廃業するとか、明日からどうするとか、そういうことじゃなくて、『ああ、終わったな……』って」

*

生徒七人を乗せて住田高校を出発した河野千秋は、気仙川沿いの高田街道を、二十分ほど海のほうへ走ったところで渋滞に巻き込まれた。

「先生、全然動かないね。私、ほかの道知ってるからナビするよ」

生徒の言う通り来た道を戻り、迂回して橋を渡り、再び陸前高田へ向けて走った。しかし、今度は西から流れる矢作川と気仙川が合流する廻館橋のところで動けなくなった。

橋の上が巨木や、泥にまみれたプラスチック、ズタズタになった建材のようなもので埋め尽くされ、進めなかったのである。

道の脇に潰れた車が転がっている。

下流を見やると、すぐ見えるはずの大船渡線の鉄橋が見当たらない。

「鉄橋落ちてる……。まさかこんなところまで、この高さまで津波が来たってこと……?」

廻館橋は、気仙川河口まで五キロほどのところにあり、どちらかというと山里の風情が漂う場所だ。橋は、川面から一〇メートルほどの高さにかかっている。この高さを越えて津波が来たとでもいうのだろうか。事態がよく飲み込めない。

「千秋さん!」

振り向くと、通明の同級生の母親だった。

「私ね……、さっき竹駒の山に登って高田のほう見たんだけど……、水没してた」

「水没?」

「だから、ここから先は行けないよ」

(水没……ウソだ)

「私も見に行く。登れる場所教えて」

にわかには信じられなかった。千秋は教えられた場所から山を登り、陸前高田方面を見た。

暮れかけた空の下、町は水に沈み、市役所と、ショッピングセンターの屋上しか見えなかった。気仙町今泉地区のある、西側の山あいを見やると、気仙小学校の校舎が水没して体育館が赤々と燃えあがっているのが見えた。

（子どもたちも、会社の人たちも、難しかったかも……）

体が震えた。

（死んじゃったかもしれない）

よく考えれば、通洋は八木澤商店の専務として、社員の安全確保が最優先だ。会社を離れて子どもを迎えに行くことはできない。自分が迎えに行かなければいけなかったのだ。

しかし、地震の直後に学校を出ていたら、遡上してくる津波の迎え撃ちにあい、巻き込まれていたのは間違いなかった。それでも、子どもたちのそばにいてやれなかった後悔が胸を刺す。

（考えちゃダメだ。今は、生徒を親元に帰すことだけを考えよう）

千秋は頭をふり、生徒のもとへ戻った。

廻舘橋から山のほうへ引き返すと、たき火が見えた。近付くと、地元の消防団が集まっている建物で、そこで夜を明かさせてもらえることになった。

状況をよく理解できていない生徒たちは、布団がわりの座布団を投げ合ってはしゃいでいる。

しかし、千秋にもたらされる情報は、過酷な現実を伝えてくる。

「気仙町の避難所はひとつも残ってない」

「どこからも連絡が入ってこない」

耳をふさぎたくなるものばかりだった。

二〇一一年三月十一日　午後二時四十六分　三陸沖を震源とする国内最大規模マグニチュード八・八の巨大地震発生（十三日にM九・〇に修正）。

岩手県陸前高田市を巨大津波が襲ったのは、その約四十分後のことである。八木澤商店の社員たちが最初に避難した公民館も津波に襲われ、そこに残った人々は全員犠牲になった。

通洋の叔母は、現在も行方不明のままである。

津波の高さは、八木澤商店のあった今泉地区で一三・五メートルに達した。

震災翌朝の陸前高田。
八木澤商店跡

第2章
全部なぐなった

二〇一一年三月十一日　東京

通洋の父、八木澤商店八代目社長、河野和義（六六）は新幹線に乗っていた。東京に出張して仕事を終え、帰路についたところだ。さいわい、十四時四十分東京発の新幹線に飛び乗ることができたから、夕方には陸前高田に着けるだろう。

人と会うのは好きだが、やはり、都会から帰って愛する家族や仲間たち、ふるさとの山や海、町の空気に包まれるとほっとする。

面白いこと、人が好きな和義は、八木澤商店の名物社長として地元の人や八木澤商店のファンから人気があった。

新幹線が上野駅を過ぎ、トンネルにさしかかった時。

ガクッ……ガクッ……、ガクッ……

「えっ？」

新幹線が、突然スピードを落とした。少しの間そのまま走り続け、やがて止まった。止まってから数十秒後、激しい揺れに襲われた。ぐらん、ぐらん、と新幹線がひっくり返りそうな揺れ。網棚の荷物が落ちそうだ。そのうちに車内の電気が消え、非常灯の明かりだけになった。

「地震だ！」

「ちょっと、すごくないですか？」

「すごいですね……」

隣に乗り合わせた乗客が、声をかけ合っている。

（ついに、関東大震災が来たのか。トンネルが崩れるかもしれないな……）

和義の胸を不安が襲う。

車内はざわついている。新幹線はまだ揺れている。

「ただいまの地震の震源地は宮城県沖、大津波警報が発令中です」

車内放送が流れた。

関東大震災ではなくて、震源は宮城か……。大津波警報は気になるが、しかしまず、ここから無事に出られるだろうか？　なにしろトンネルの中だ。和義はそのことが心配だった。

去年も同じ震源の地震があって、その時も大津波警報が発令された。でも大きな被害はなかった。

（今回もたぶん、たいしたことはないだろう）

「ただいま、線路の安全確認を行っております。今しばらく、お待ちください」

アナウンスが繰り返されるが、新幹線はいっこうに動く気配がない。

「当列車は、上野駅へ引き返します」

新幹線が上野駅に到着したのは、地震発生から二時間半たってからだった。

（やれやれ……上野駅を過ぎて三分くらいだったのに、戻るのに二時間半か）

東京は、この地震のためにすべての電車が止まり、駅は家に帰れない人々でごった返していた。大きな余震がたびたび襲い、駅や建物が揺れる。そのたびに皆うずくまり、悲鳴があがった。

「あのビルとか、やばいっすよね？」

若者がおじさんに話しかけている。高層ビルがぐわん、ぐわん、と揺れているのが、地上から見てはっきりわかる。

和義は、今日中に帰るのは無理だな、と覚悟を決めた。帰宅が遅れることを、心配しているだろう妻の光枝や社員たちに知らせたい。店や工場の地震の被害も心配だ。しかし、携帯電話がまったくつながらない。

出張した時にいつも利用しているホテルをいくつかあたってみることにしたが、どこも満室だ。

どうしたものかと思いながら、知人が経営している飲食店を訪ねると、古い公衆電話を見つけた。

「これ、使える？」

「まだ使えると思いますよ、どうぞ」

「ありがとう」

光枝の妹が、駒込に住んでいる。公衆電話だったら、つながるだろうか。

「もしもし、あら、お義兄ちゃん？　え、今東京にいるの？　うちもガラスのものいくつか割れたりしたけど大丈夫。……うん、どうぞどうぞ、うちに来て」

義妹の佳子の声に、ほっとした。山手線も、京浜東北線も、電車はすべて止まっていたので、歩いて向かうことにした。

一時間以上歩いただろうか。疲れた体を引きずるようにして、ようやく駒込にたどりつき、荷物をおろした。

ふとリビングのテレビに目をやると、異様な光景が目に飛び込んできた。

船も家も一緒になり、壊れ、津波に流されていく町。岩手県釜石市を、高台から映した映像だった。

「本当に津波が来たのか……。陸前高田は？」

不安に襲われ、テレビの前に駆け寄った。しかし、陸前高田の映像は出てこない。

ニュースでは仙台空港が津波に襲われる映像が繰り返し流れ、合間に、

「南相馬市で、数百人の遺体が海岸に打ち上げられているという目撃情報」

などテロップが流れるが、どれもはっきりしたことがわからない。陸前高田市に近い気仙沼市では大規模な火災が発生し、夜空の下、炎と煙が赤々と輝いている映像もあった。

家族は、会社はどうなったのか？　もどかしい。携帯電話は依然としてつながらない。

「できるだけ、寝てね」

佳子が声をかけてくれたが、一晩中テレビの前から動けず、一睡もできなかった。

初めて陸前高田の映像が映ったのは、早朝のニュースだった。ヘリコプターから映されているらしい、めちゃくちゃになった町の映像が飛びこんできた。

「陸前高田市上空です、町は壊滅状態です」

テレビに張り付くようにして見る。目を疑った。

「これが……本当に……陸前高田か?」

あのあたりは酔仙（すいせん）酒造、県立病院のはず……と必死で目をこらす。確かにそうだ。八木澤商店がある今泉地区の、体育館らしい建物から、白い煙が出ているのが見えた。しかし、そこにあるはずの町並みはなくなり、何も見えない。

「陸前高田は、終わりだ……」

体じゅうから力が抜けた。

二〇一一年三月十二日　岩手県陸前高田市

バラバラバラバラ……

ヘリコプターが上空を旋回している。報道のヘリだろうか、救助のヘリだろうか。

八木澤商店や地域の人々が避難した裏山の神社に、三月十二日の太陽の光が射した。やわらかくあたたかい、レモン色の太陽だった。

八木澤商店の阿部史恵は、手にしたカメラでシャッターを切った。避難する時、事務所に置いてあったカバンから、とっさにカメラだけ取って走ったのだ。

夜明けの光と燃えている家が、水没した町の水面に映って、それはただ純粋に美しかった。人々は心をからっぽにして見入った。

「なんにもない。今日の仕事のことも、この先のことも……」

阿部は、かたわらにいる娘のひかり（小一）の肩を抱き寄せながらつぶやいた。

ショートカットにリスのような目をした阿部は、小柄で華奢だがしっかり者で、社員から頼られる存在だ。

「カメラだけ持ってきて、財布も携帯も全部流されて……、戦場カメラマンみたいやなー」

通洋がちゃかして言う。阿部は普段、商品の写真撮影やホームページ作成を担当していたので、反射的に、

「何かのために一応持ってかなきゃ！」

という意識が働いたのだろう。それでもまさか、それきり会社に戻れなくなるとは想像していなかった。

ゆうべは、長い、長い夜だった。夜中には、雪がたくさん降った。

人々は、作業服や、その時飛び出した服装のまま、水も食糧もない中で氷点下の寒さをしのがなければならなかった。風も強かった。

昨日、大津波が町を襲う様子を目の当たりにした通洋たちは、

「これは、ここで一晩越さなきゃなんないな。暗くならないうちに準備しよう」

と、たきぎ拾いをしたり、飲料水を探したりした。

この神社は、八木澤商店の氏神をまつっていた。奥にきれいな湧き水があり、こちらも「醸造の神様」としてまつっていた。そこに男性社員が水をくみに行ったが、地震の影響か、茶色く濁っていた。

通洋たちがあれこれと準備をしていると、この神社とつながっている山伝いに地元の消防団員がやってきて、大声で、

「今泉地区の保育園児も、小学生も、中学生も、ぜんぶ無事です！」

と叫んだ。

そこにいた人々から、声にならない、安堵のため息が漏れた。

通洋も、少しホッとしたが、この状況の中では、本当に子どもたちに会えるまでは安心できないな……と思った。

「奥の沢んとこに、保育園の子どもたちが凍えてる。こっちに連れてきて、たき火にあたらせ

てやってくれないか?」

　誰かが叫んでいる。

「いくぜ!」

「おお!」

　八木澤商店の社員たちは、二つ返事で、保育園児たちを迎えに走った。通洋が沢にたどりつくと、なんとそこに、母の光枝がいた。通洋の二つ違いの姉、遊(よしみ)と、インフルエンザで学校を休んでいた遊の息子、大雅(たいが)もいる。

「無事だったのが!」

　光枝たちの命を救ったのは、ほんのわずかな偶然だった。

　通洋の自宅に避難しようとした光枝は、鍵が閉まっていて入れなかったので、女子社員に鍵を持って来てもらうように頼んだ。車の中で待っていたが、その間にも大きな余震が来て地面が揺れる。

　ふと上を見ると、屋根に取り付けた太陽光パネルがグラグラ揺れ、今にも落ちてきそうだ。

「あれが落ちてきて当たったら嫌だなあ」

　車を動かし、海側に向きを変えた瞬間、ブワッと空高くあがる黄土色の煙が目に入った。

「津波だ!」

　光枝は瞬時にアクセルを全開にして山道を突っ走った。途中で助手席に近所の奥さんを乗せ

たが、

「家のもの全部そのままにしてきちゃったから、家さ戻る！」

ドアをあけて降りようとするのを、

「ダメ！　乗ってなさい！　絶対降りちゃダメ！」

左手でふんづかまえながら右手でハンドルを操り、鬼の形相(ぎょうそう)でそのまま工事中の砂防ダムを突っ切って山へ逃げた。

ゆるくパーマをかけた光枝の髪の毛は逆立っており、生と死の境界をくぐりぬけてきた興奮ぶりをそのまま映したかのようだ。光枝は、通洋に声をかけた。

「あたし、孫たち連れて山越えるから」

「こっちは年寄り多くて心配だがら、神社さ戻る」

「わかった、じゃあね、バイバイ！」

光枝は、いつものよく通る声で息子に手を振った。おおらかで明るい人だ。母がいれば、姉たちも大丈夫だろう。通洋も、手を振り返した。

阿部史恵も、ここで夫と娘のひかりに会うことができた。

阿部の夫は、高田小学校に通う娘を車で迎えに行き、そのまま阿部を心配して八木澤商店に立ち寄った。

「八木澤さんは、みんな避難してて誰もいなかったよ。工場も真っ暗だった」

避難しているなら妻は大丈夫だ、と夫は対岸にある自宅のほうへ車を走らせた。気仙大橋を渡り始めた時、突然、ひかりが絶叫した。

「パパ！　パパ！　あれ！」

はっとして海を見ると、壁のような津波が襲いかかってくるのが見えた。

「つかまってろ！」

夫は反射的にギアをバックに入れ、猛スピードで車を後ろ向きに走らせた。橋を渡り切ってそのまま、山道を登ってきたのだという。

阿部は、気仙大橋が落ちる瞬間を目の当たりにしている。よく無事でいてくれた、と涙ながらに抱きつこうとしたが、

「オレ、向こうの山の人たちの水、くんでかなきゃいけないから！」

と行ってしまった。責任感の強い夫らしい……。阿部は苦笑いした。

通洋らが心配した保育園児は、工事現場のトラックの荷台に乗せ、山の中の暖が取れる避難所に連れていくことになったので、皆で保育園児を見送ってから神社に戻り、集めたたきぎで火を熾(おこ)した。

お年寄りを神社の社(やしろ)の中に入れたが、小さな社なので、お年寄り以外は外で夜を越した。

凍てつく夜だった。強い風が吹きつけ、容赦なく雪が降った。体の底まで染み通る寒さで、燃えると思えるものをすべて燃やしても、いっこうに暖まらない。

そこにあったブルーシートを体に巻き付け合い、かじかんだ手をたき火にかざしても感覚がなかった。

阿部史恵に、ひかりが訴える。

「ママ、寒い。おなかすいた」

小学一年生の娘にとって、空腹はどんなにつらいかと思うが、与えられるものは何もない。

神社に避難した人の中には、赤ちゃん連れの母親もいた。しかし、ミルクがない。

ポケットにたった一つだけ飴(あめ)を持っていた人がおり、同じく一本だけあったペットボトルの水に飴を入れて溶かし、皆で飲ませた。それが赤ん坊の命をどれだけ長らえさせられるか確証はなかったが、社の中に母子を入れ、お年寄りたちが励ました。

眼下では、燃えている家や流木の炎が水没した町に映り、赤々と輝いている。

炎上する気仙小学校の体育館に流れ着いたらしいガスボンベが爆発し、時折、バーン、バーン、という音とともに激しく火花が散った。

「こっちの山に、あの火が燃え移ったらどうすっぺ?」

寒さと空腹と緊張で、とても眠ることなどできない。その時、

「いやー、オレ、地震の直前まで、まんじゅう百個焼いてたんだよなあ。あれ置いてきちゃった。あれが今、ここにあったらなぁ」

と言ったのは、一緒に避難した近所の和菓子職人のおじさんだ。

「だったら今、泳いで取ってこい」

誰かが言い、笑いが起きた。

夜が明け、お互いの顔を見てまた大笑いだ。寒さでたき火に近づきすぎたせいで、誰もが顔じゅうススだらけで真っ黒だった。

「……私たちは、山の上から津波を見ていたので、目の前で人が流される瞬間とか、そういうところは見なくて済んだんですが……」

のちにうっすらと目に涙を浮かべて語る社員たちは、その後、抱えきれないほど悲惨な光景の数々を目にすることになる。

*

通洋は、地震の翌日子どもたちと会うことができた。

地震が起きた時、気仙小学校は五時間目の授業が終わったところだった。揺れがおさまって一斉(いっせい)に校庭に出ると、あちこちに地割れができていた。

気仙小学校は地域の指定避難所になっていたため、住民が次々に車で避難してくる。

校庭では防災無線が聞こえていた。

「ただいま大津波警報が発表されています。市内各地で津波が押し寄せています。沿岸住民、海岸付近にいる人は、ただちに高台に避難してください。ただいま大津波警報が発表されています」

通洋の長男、通明は校庭に整列していた。

校庭から広田湾や気仙川の堤防は見えない。そのうち、防災無線が、慌てたような早口に変わってきた。

「津波による、津波により、堤防から、津波が越えています。ただいま、気仙川において、津波が越えております」

最後のほうは、叫ぶような口調。こんな防災無線を聞いたのは初めてだ。

「え、ちょっとヤバイんじゃないの」

通明が友人と顔を見合わせた時、絶叫が聞こえた。

「津波が堤防越えた！」

誰かが叫んだ。

「山さ逃げろ！」

校庭にいた人々は一斉に校庭の裏の「わんぱく山」へ走った。しかし山へ続く階段はひとつだけだ。皆散りぢりになり、あちこちから直接わんぱく山の斜面に取り付いた。

子どもたちは懸命によじ登ろうとしたが、手がかりがつかめなかったり、木の根に足を取られたりしてうまく上がれない子が少なくなかった。恐怖で足がすくんでいる子もいる。

「子どもを先に上げろ！」

大人は声をかけあった。手をつかんで引き上げ、小さな児童は抱え上げた。うまく登れない子の背中やお尻を支え、励ましながら押し上げた。最後の児童が山に上がった直後、校庭に津波が侵入し、校舎も瞬時に水没した。

子どもは全員助かったが、間に合わなかった大人が数十人、目の前で流されてしまった。

通洋と千秋が、山に上がった最後の児童が次男の義継だったことを知るのは、だいぶ後になってからである。

「生きててくれたか……」

通洋は子どもたちに駆け寄り、きつく抱きしめて泣いた。

「痛いよ……お父さん生きてるの、聞いて知ってたし」

子どもたちは照れくさそうだった。

同じ頃、千秋は夫と子どもが無事であることをラジオで知った。

この日の朝、臨時の災害対策本部になっていた学校給食センターに情報を集めに行ってみたが、

「安否はわからない。気仙町今泉の避難所からはどこも連絡入ってないよ」

「今泉の人はみんなダメなんじゃないか」

希望の持てる情報はなかった。生徒を送ることに気持ちを集中しよう、と運転している時、

カーラジオで、

「気仙小学校の児童は全員無事です」

「八木澤商店の社員は無事です」

と、はっきりと聞こえた。どこにいるかはわからないが、生きていることだけはわかった。ほっと力が抜けた。


この日は自宅に帰れる生徒を送ったり、家が流された生徒を連れ、保護者を捜すために避難所を回ることであっという間に暮れた。

通洋と千秋が再会したのは三月十三日の朝。千秋が生徒と一緒に泊まっていた中学校の避難所に、通洋が捜しに来たのだった。

駆け寄ろうとした通洋に、千秋は、

「私、これから生徒送っていかなきゃなんないから！」

遠くから叫び、そのまま行ってしまった。まだ保護者に会えていない生徒がいた。その生徒の家族がいるだろうと思われる長部(おさべ)小学校の避難所へ連れていかなければならなかった。

「通洋さんが乗って来てたのは軽トラで、それだと生徒が乗れないので、私たち消防団の車両に乗せてもらうからじゃあね、って。通洋さんとはその時会ったきりで、あとはほとんど会えなかったんですけど、まあ無事だったらいいやって」

千秋は小さく笑いながらいう。

感動の再会を想像していた通洋は拍子抜けしたが、大人はお互い、生きていることが確認できれば十分、というところはあった。

情報は錯綜しており、

「八木澤商店の社員は仲町公民館に避難して全滅」

というものも回っていた。

行方不明者リストに自分たちの名前が載っているのを見つけ、

「あ、生きてます」

と消したこともある。実際に本人に会うまでは、皆、確かなことはわからなかった。

千秋は、通洋と別れた後、生徒を連れていった長部小学校の避難所で三人の我が子と義母の光枝らに再会した。

「あー！　みんなー！」

次男の義継と末っ子の千乃を抱きしめていると、長男の通明も向こうから走って来た。抱きしめようとしたが、恥ずかしいのか三人の輪の中に入らず、寸前でシャッ！　とよけた。

（なんてやつ！）

そう思いながら、千秋は涙が止まらなかった。

二〇一一年三月十二日　東京

東京にいる河野和義は、まだ信じられなかった。確かにテレビでは見たが、あの二百年以上建っていた土蔵が、本当に崩れることがあるのだろうか？　ウソだろう？

とにかく、一刻も早く帰って状況を確かめたい。妻の光枝や息子の通洋たち、孫、社員たち、地元の仲間がどうなっているか。いてもたってもいられなかった。

和義や八木澤商店を心配した東京の仲間や取引先が、陸前高田に帰るための準備をすすめてくれた。しかし、一体どうやって帰るのか。

新幹線の復旧のメドは立たず、ガソリンは地震の影響で不足し、ガソリンスタンドには長蛇の列ができている。一台あたり十五リットルまで、と買える量も制限されていた。

スーパーでは、開店と同時に人々が殺到して水や食料を買い求めた。紙おむつも品切れが相次いだ。東京も物が不足し、異様な空気に包まれていたが、その中で、佳子や仲間たちは被災地で必要だと考えられるものを必死で調達し、ガソリンの入ったワゴン車に積み込んでくれた。

緊急車両のステッカーを掲示して高速道路を走り、陸前高田市になんとかたどりついたのは、三月十四日。地震発生から三日後だった。

愛する町は姿を変え、あらゆるものがなぎ倒され、ぐにゃぐにゃとねじ曲がり、積み重なっていた。

がれき。それはすべて人々の生活の糧(かて)だった。

港にあったはずの船が、山に上がっている。あちこちで、シートをかぶせられた遺体が、担荷で運ばれていた。

焦げ臭いにおい、潮の生臭いにおい、そしておそらく、まだ見つけ出されていない、がれきの下の遺体の臭い……。鼻をつく異臭が漂っていた。爆撃にあったような……、いや、爆撃よりひどいかもしれない、という人もいた。無差別に何もかもがやられていた。

携帯電話はもちろん通じない。通信手段が何もなかったので、光枝や通洋たちが一体どこでどうしているのか、見当がつかない。とにかく生きていてほしい。血がにじむように思いつめたが、その日は捜し当てることができなかった。

光枝や通洋と再会したのは、翌日、十五日の朝だった。抱きしめようと駆け寄った瞬間、

「あんた今まで、どこほっつき歩いてたの！」

大きな目を光らせて、泥だらけの光枝は怒っていた。

「どうして、こんなに遅かったの！」

津波ですべてを流されたため、テレビが見られないのはもちろん、電話も通じず、ラジオからの情報も乏(とぼ)しかった。外部からの情報がまったく入らない状態だったので、この地震と大津

波の影響が東北沿岸一帯から東京まで広範囲に及び、新幹線も高速道路も寸断されているとは想像できなかったのだ。

八木澤商店は、土台を残してすべてなくなっていた。かすかに、もろみの香りが漂っていた。

ここにいるよ……。

和義には、もろみがそう語りかけているような気がした。

「二百年続いた八木澤商店も、俺の代で終わりだ……」

体に力が入らない。グチャグチャに壊れた町に呆然と座り込み、ただただ涙があふれた。町はなくなり、自分が愛した仲間たちが、たくさん死んだ。

数日前まで子どもたちが元気に通い、飛びはね、ボールを追いかけて歓声をあげていた小学校や中学校の体育館が遺体安置所になり、そこにたくさんの遺体と、家族や友人を捜す人々が詰めかけ、嗚咽(おえつ)がこだましている。

「生きてたか……」

無事だった者に会うと、全力で抱きしめて泣いた。涙は、一体どれくらい出たら涸(か)れるのだろう、と思うくらい、いくらでも出た。

故郷を愛していた。自分の人生をかけて、仲間たちと、陸前高田の町をつくってきたのに、この歳になって、すべてを奪われるとは……。

座り込む和義に、通洋が語りかけた。

「二十年から三十年はかかるぜ、親父」

「……」

「八木澤商店も、町も完全に復活するのは。でも、やる」

「……醸造業は、無理だよ。醤油屋の命のもろみも、蔵も、なくなった。それに、醤油工場を再建するなら、億単位の借金が必要だ。そんな金、一体、どっから出せる？……生きるためには、別な考えをしないと、無理だ」

「いや、やる。小さくてもいいから、醤油屋で復活する」

和義はため息をついた。昔からいうことを聞かない息子だったが、この現実を前にして、再建できるとは、とうてい思えなかった。

和義は、光枝とふたりで頭を悩ませた。

「でも、確かに八木澤商店の社員は家族同然だもんなあ。廃業するからって、簡単に、はいクビですよ、さようなら、なんてできないよなあ」

「そうよねえ」

「ひとりでもふたりでも、面倒見てくれないか、内陸の無事だった会社に頭下げてみるか……」

「それがダメだったら？」

「俺たちの世代は、戦後の焼け跡を知ってるもんなあ。あの頃は、空き地を畑にして、なんとか食いつないだ。今のこの状況は、戦場と同じだから、あの時と同じように、みんなで食いもんつくってやってくという手もあるなあ……。まずは援助に頼るんじゃなくて、食べ物つくって自立するか」

「それもいいわねえ」

「春になったら山で山菜とって、秋になったらキノコ狩りして、都会の人に売りつける、ってのもいいかもな」


半分冗談、半分本気だったが、どんなに気持ちを奮い立たせようとしても、あまりに厳しい現実を前にして、涙ばかりがあふれ、立ち上がれる日は永遠に来ないように思えた。

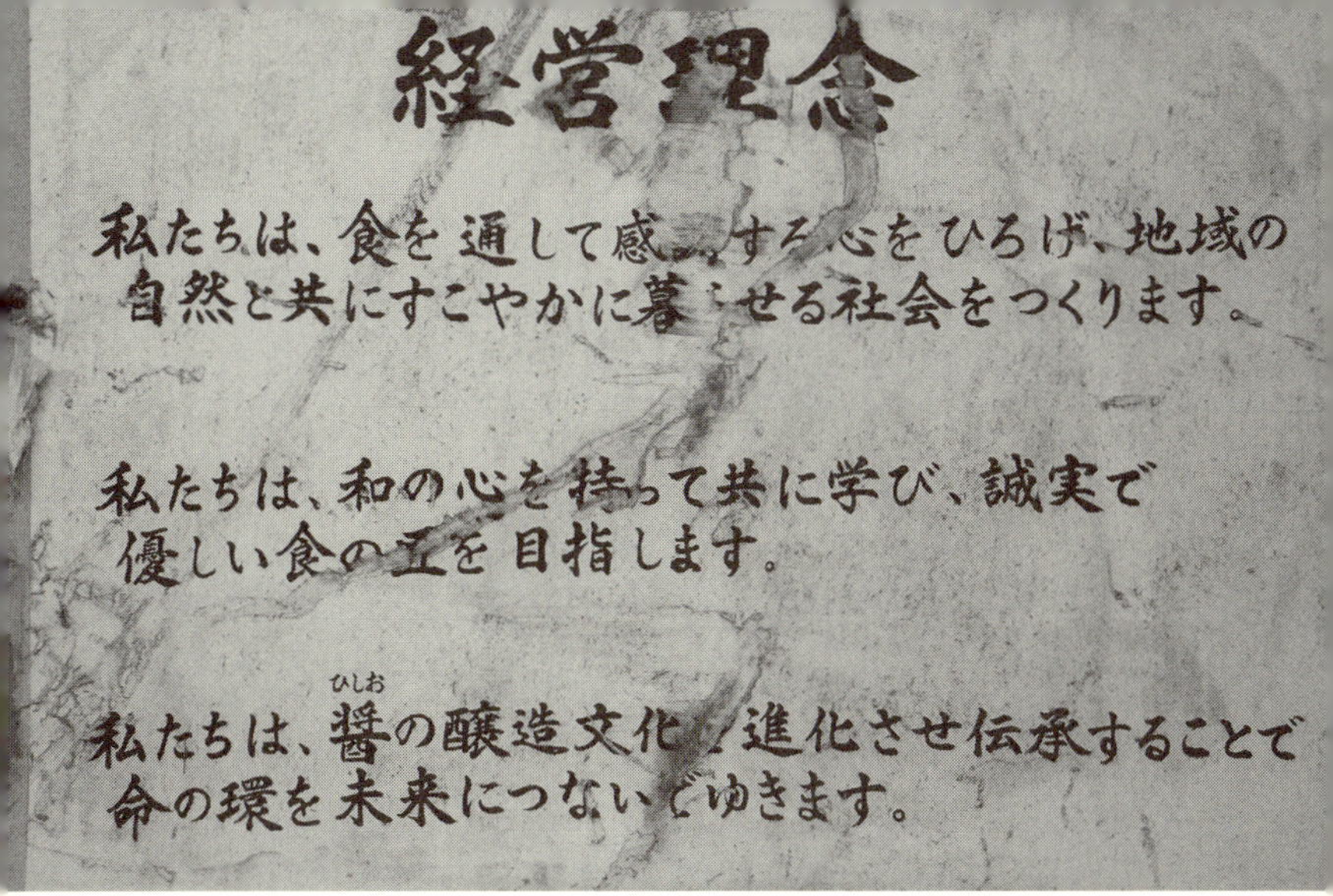

経営理念

私たちは、食を通して感[illegible]する心をひろげ、地域の自然と共にすこやかに暮[illegible]せる社会をつくります。

私たちは、和の心を持って共に学び、誠実で優しい食の[illegible]を目指します。

私たちは、醬(ひしお)の醸造文化[illegible]進化させ伝承することで命の環を未来につないでゆきます。

津波の後、海岸で偶然発見された経営理念

第3章

絶対、復活してやる

二〇一一年三月十五日――再建の約束

津波発生から五日目。最後まで残っていた八木澤商店のメンバーも、全員解散する朝がきた。

大津波に襲われた翌朝、太陽がのぼった後、全員で山伝いに歩き、奥にある月山(がっさん)神社に移動した。月山神社は、山形県鳥海山(ちょうかいさん)の大物忌(おおものいみ)神社から分霊されて以来、八百年にわたってえいえいと地域の氏神として信仰されてきた神社だ。水や食料が備蓄してあり、少しの間、避難生活を送ることができた。

帰れる者を自宅まで送っていき、少しずつ人数は減っていったが、ここに一〇〇人以上が詰めかけており、乏しい水や食料を分け合うのも、限界に近づきつつあった。

「それぞれの地域に戻る時だな」

社員三七人のうち二五人が自宅を失った。娘がみつからない、母がみつからない、きょうだいがみつからない……、と連日、血眼(ちまなこ)で肉親を捜している者もいる。

帰るべき自宅がなくても、これからは、それぞれの地域に開設された避難所にうつり、生活しながら、明日への道を探し、切り開いていくしかないのだった。

自分の家……悲しいことやつらいことがあったとしても、そこに戻れば家族の笑顔があって、ごはんを食べて、あたたかいお風呂に入り、力を取り戻して、また職場や学校へ出かけていける。生きるための、根っこのような場所。

しかし多くの者は、これまで当たり前のようにあった〝帰るべき家〟がなくなった。大切な家族も、今、同じ空の下で息をしているかどうかさえわからない。これからいったい、どうなっていくのか……。皆、不安でいっぱいだ。

この状況で散りぢりになる彼らに、どんな言葉をかけたらよいのだろう……。通洋は早朝、まだ暗いうちから思案していた。携帯電話の画面に文章を書いては消し、書いては消して、今の自分の、精一杯のメッセージを紡いだ。

やがて日がのぼった。通洋は社員を集めて、語りかけた。

「今は、不安だと思います。でも、冷静に、粘り強く生きることを考えてください。地域や町の復興には時間がかかります。急がず、焦らず、あきらめず」

皆、真剣な表情で通洋を見つめている。

「八木澤商店は、大切にしてきた蔵や微生物を失いましたが、一番の宝物は残りました。それは、社員の皆さんの命です。

必ず、八木澤商店は再建します。何がなんでも再建します。皆さんに、お約束します。でも、醸造の機能を取り戻すまでの間は、

一、生きる
一、暮らしを守る
一、人間らしく魅力的に

この三つの方針を軸にしましょう。四月一日に再び、集まってください。

それから、四月から入社が決まっていた新入社員ふたりも、もし生きていたら呼んでください。口伝えで、なんとか伝えてください」

大津波に襲われた日、通洋は、目の前で流されていく工場や蔵を見ながら、どうやって再建しようかと考えていた。廃業、ということは、はなから考えなかった。

「絶対、復活してやる」

夜中、避難した神社でたき火をしながら、冗談まじりに言った。

「なんにもつくれなくなったから……、なんとかしてオレ、内陸のほう行って、売れるもの探して、仕入れてくる。みんな、それを売って歩こう。全員営業マンね」

通洋の胸には、避難したときの仲間たちの行動が焼き付いていた。おばあちゃんをかついで山を駆け上がり、保育園児を助けに走り、と皆が率先して動いた。見事だ、と思った。

(この人たちと、ずっと仕事をしていきたい。この人たちとだったら、きっと八木澤商店を再建できるだろう……)

＊

東日本大震災における陸前高田市の犠牲者数は、一七五七人（行方不明者含む）[注1]。これは、宮城県石巻市に次ぐ多さで、人口二万四二四六人に対して七・二％である。中でも行政機能が集中し、陸前高田市の中心部だった高田町の被害はひどく、死者・行方不明者数一一七三人。高田町の人口比にして一五・四％の人々が犠牲になった。実に、六人にひとりの命が失われたことになる。

津波は、気仙川を廻舘橋よりさらに三キロほど遡上し、竹駒町、横田町といった集落にも数十人の犠牲者を出した。山あいの集落まで津波に襲われるとは、一体、誰が想像しただろう。肉親の行方がわからない人たちは、かつて家があった場所や海岸沿い、がれきの中、あらゆるところを捜し歩いた。

高田町の市役所や市民体育館、市民会館では避難した市民が多数、犠牲になった。

陸前高田市の報告書によると、市民会館では、一三〇〜一七〇人、隣の市民体育館では八〇〜一〇〇人が命を落とした。津波が来た瞬間、市民体育館の大きな壁が轟音を立てて吹き飛んだという。

市民会館で助かったのは、水の中でもがきながら、天井に残った数十センチの空間で、たまたま呼吸ができた数名だけである。

わずかに生き残った人々の中には、水が引いた後現れた遺体の山に息を呑み、しかしその上に座って夜を明かす以外に方法がなかった者もいた。

市役所では、屋上以外が水没し、屋上に逃げた者のみが助かった。陸前高田市の職員全体で一一一人[注2]が犠牲になり、四分の一の人員を失った。

防災無線を担当していた防災対策室職員は全員殉職した。

多くの人々が犠牲になった市民体育館では、天井の鉄骨に長い髪が引っかかって垂れ下がり、腕と腕がからんだままの遺体や、ちぎれて胴体だけになった遺体が折り重なる、凄惨な光景が広がっていた。

捜索にあたった消防団員には、のちに精神的な不調をきたし、通院する者も少なくなかった。

陸前高田の人々にとって、

「市民会館、市民体育館、市役所」

という単語は、三月十一日を境に、つらい記憶と結びつくものに変わった。

八木澤商店のあるベテラン女性社員はいう。

「私は震災の後、一年半たっても、市役所通りは歩けませんでした。東京から来たお客さんを案内しなきゃいけない時があったんですけど、近付いたらもうダメで。つらかったです。あまりにも知り合いが多くて」

彼女は、実姉をはじめとした親戚の多くを市民会館で失っている。

「私は、自宅は流されたけど、息子は県外で働いてましたし、夫は震災前に亡くなってひとり住まいでしたから、まだいいほうなんですよね」

いいほうだというが、親戚を一七人、亡くしているのである。

「ご遺体は特別というか……。本当に、ざあっと並ぶんですから。その中に、姉やほかの人をみつけてしまうんですね。とても信じられない。あれだけ本当に、本当に並ぶんですから……」

小学校や中学校の体育館に並ぶ、夥(おびただ)しい遺体は、膨張したり、傷だらけだったり、直視に堪えない状態のものも少なくない。しかし、人々は一体一体の前にじっと踏みとどまり、目をこらして、愛する者の面影を探した。

ある地元の消防団員はこう語る。

「がれきの中に、足が一本だけニョキッと出ているとか、手だけあるとか。実際に体験したことをストレートに誰かに話したとしても、『まさか、そんなの嘘でしょ?』って相手が受け止められないような、きついことばっかりです……」

通洋は、社員の家族の遺体確認に何度か付き添った。

「うちの家族が、あがったっていうんですけど、とてもひとりじゃ行けません……。付き添ってもらえませんか」

あがった、というのは遺体がみつかった、という意味だ。人のつながりの強い地域だ。大切な誰かを失わなかった者はいない。

遺体の中には、状態もきれいで、身分証明書もあるのに、誰も引き取りに来ないものもあった。おそらく、家族や親戚が全員亡くなったのだろう。

遺体の身元確認は、立ち会った者がサインすれば成立する。通洋は何度か、知っている者の確認を頼まれた。首をふり、噛み締めるように通洋はいう。

「ポケットに身分証明書もある。確かにその人だろう、って思うんですよ。でも……、サインできないですね。ご家族でもないのにサインして、万が一間違いだったら取り返しがつかないですし……、ああいうのはとても……、サインできるもんじゃないです」

水門を閉めに行った佐々木敏行がみつかったのは、震災から十日後のことだ。津波発生後、住田高校から陸前高田へ向かった千秋が足止めされた、廻舘橋の近くであった。

水門に「立ち入り禁止」のテープを貼った後、水門をはるかに越える津波に巻き込まれたようだ。仲間に最後に目撃された場所から、五〜六キロも流されたことになる。

変わり果てた姿で、親戚の者が最初に見た時はわからなかった。しかし妻はひと目で夫だとわかった。佐々木敏行は、大学受験を控えた娘と、小学四年生になる息子を遺して旅立った。

八木澤商店では、佐々木敏行以外にもうひとり、関係者で犠牲になった者がいる。

富永泰一郎（二三）である。彼は、震災が起こる前の二月末まで、八木澤商店の研修生として働いていた。

富永は、福岡県の醤油屋の跡継ぎになるべく研修に来ていたが、将来を思い悩んでいた。彼は剣道の四段を持つ実力者で、大好きな剣道を続けるために、警察官になりたいという思いを募らせていた。相談を受けた通洋は、

「それなら、きちんとお世話になった人たちに挨拶に行って、自分の思いを伝えてこい」

と背中を押した。警察の試験勉強と八木澤商店の研修を両立させる、という富永に、

「泰一郎、中途半端なことはするな。八木澤商店は二月末で退職して、しっかり勉強に集中しろ」

と伝えた。

三月十一日は、大学時代の恩師に挨拶するため東京に行っているのではないか、と皆は話していたが、千秋は、

（富永君、もしかして高田にいるんじゃないかな……）

という思いが消えなかった。

富永は、通明と義継に剣道を教えていた。ふたりの息子は、

「お兄ちゃん、お兄ちゃん」

と富永を慕っていた。彼の指導のおかげで、息子たちはめきめき腕を上げつつあった。

富永は二月末で退職したが、もう少し、子どもたちの剣道を見てから九州に帰ろうと考えていたようだ。

三月十一日は剣道の行事があったので、おそらく陸前高田にいる。千秋はそう考えた。どこかで無事でいるのではないか、と願っていたが、消息がわからなかった。

富永は、暮らしていたアパートのカーテンの陰でみつかった。連絡を受けて、確認に行ったのは通洋だった。

「子どもたちは、富永君の死を受け入れられませんでした」

千秋は目を落とす。

「お兄ちゃんは、自分たちの剣道をみるために高田に残ってくれた。それがなければ……、っていうのもあったと思います」

富永の両親は体調を崩し、遺体を引き取りに来ることができなかった。親戚の男性がかわりに来て確認し、隣の一関(いちのせき)市で火葬して連れて帰った。両親の心中を思うと、通洋も千秋も、言葉がなかった。

残された者は、大人も子どもも皆、胸になんらかの重い荷物を背負った。

遺体は、時間がたつうちに変色し、膨張し、崩れ、やがて原形をとどめなくなっていく。身元不明のままに火葬せざるを得ないケースも多かった。その後は、写真での確認になった。

遺体は、陸前高田であがるとは限らない。青森県の八戸(はちのへ)市や、北海道で見つかった人もいてくる。

た。確認のために、津波の被害にあったあちこちの地域から、膨大な数の遺体の写真が送られ

家族がみつからない者は、何千体という遺体の写真を片っ端から確認した。通洋はいう。

「尋常じゃないですよ……、物凄い数の遺体の写真を見続けるというのは」

大人の遺体も、子どもの遺体も、手がかりになるはずの衣類は泥で染まってほとんど色がわからない。目をそむけたくなるような、傷みの激しいもの、苦しんだ形相の写真もあったが、

怖い、というよりも、

「なんとか探しあててやらなければ」

すごい気迫で写真をめくり、確認しつづけた。まわりにも、鬼気せまる表情で捜し続ける者がたくさんいた。

大人たちは、生き残った子どもたちを精一杯の優しさで慈しんだが、やわらかい子どもの心が受けた衝撃は、はかりしれない。

通洋の次男、義継は、気仙小学校の校庭からわんぱく山へ逃げた時、自分を押し上げてくれた年配の女性が目の前で津波に呑まれたことを、震災後一年以上、両親にさえ話すことができなかった。

長女の千乃は、

「津波の夢を見る」

と泣くことが続いた。

助かった児童の中には、両親を失った子がいる。千秋は言う。

「お母さんと妹さんは市民体育館に避難して、お父さんは市役所で働いてて、たぶんそこで……、うちの子の同級生なんです。そういう話が、本当にいっぱいあって」

どんなに待っても、誰も迎えに来ない……。厳しい現実を、幼い胸で受け止めざるを得なかった震災孤児は、陸前高田市全体で二七人だった。

通洋は、避難所をまわって孤児になった子の居場所を確認した。しかし、親戚に引き取られ、ある日突然いなくなっている、ということがよくあった。

子どもが住み慣れた町で、皆で智恵を出し合って育てていくことはできないのか。通洋は仮設の市役所へ行って、孤児の行方を教えてもらうようかけあったが、個人情報の壁に阻まれ、追い切ることができなかった。以来、彼らの瞳が胸を離れたことはない。


「なぜ、すべてを失ってもあきらめないで、再建しようとするんですか？」

のちになって、通洋は何度もマスコミに取材され、同じ質問を受けた。

「なんでって……、八木澤商店の従業員たちは、会社が好きで、働く仲間が好きで、でも家族や友達を失って絶望している。さらに一緒に働く場所や仲間までいなくなったら、生きる希望を失います。もしもあなたが僕と同じ立場だったなら、そんな決断、できますか？」

通洋は、大声でそう叫びたかった。

津波で命が助かっても、失業して生活の基盤を奪われたら、生きていくことができなくなる。社員の多くは家を流され、家族や子ども、友達や恋人を亡くしたり、行方不明になったりしている。さらに一緒に働く仲間も未来も失ったら、心が壊れて、必ず死ぬ人が出るだろう。

（たくさん、死にすぎた……）

あまりに多くの死を目にした。せめて生き残った者からは、これ以上犠牲者を出したくなかった。

醤油の原料はもちろん、製造設備も何もかも失ったら、廃業を考えるのが常識かもしれない。まして、醤油の味の決め手となる杉桶は百五十年以上かかって、今の味をつくってくれていたのだ。どう頑張っても同じものは手に入らない。

去年、新築したばかりの自宅もなくなった。まず、自分と自分の家族がどうやって生活していくかを考えろ、というのが普通かもしれない。

地元のハローワークからは、

「まずは、一度社員を全員解雇して、失業保険をもらってください。そうすれば、当面どうにかなりますから」

と指導された。市役所は職員の四分の一を失い、行政機能も含めてどこも手が足りず、混乱の中にあった。

震災によって従業員を解雇せざるを得なかった企業は多かった。

解雇された従業員が、後片付けを手伝いに来て、作業しながらつぶやく。

「会社、再開できるんでしょうかねえ」

それを聞いて役員がボロボロ泣く……、そんな光景があちこちで見られた。

通洋はいう。

「自分ひとりで、『再建しよう』という思いに至ったわけじゃないんです。

避難してた諏訪神社の山を降りる時、まんじゅう屋のおばあちゃんが『八木澤さん、また一緒に商売しようね』って手を握ってくれました。

避難所に、高田病院の院長が看護師さんたちを捜しに来て『必ず守るから』ってひとりずつ抱きしめて泣いてるのも見た。絶望的な状況の中でも、光を見出そうとしていた人たちがいた。そういう姿を見たから、自分もできるんじゃないか、って思えたんです」

通洋は、会社を再建することに迷いはなかったが、感情的な部分が大きく、経営者の判断として正しいのかどうか、確信は持てなかった。それでも、頭の中で必死に計算した。

「銀行の預金残高はどうだろう？　まず、借入金は一時的に返済ストップの手続きをしよう。会社を潰すくらいなら、借金を返す順番は後にすればいい」

そんな時、避難所にいる通洋のもとに、メインバンクの岩手銀行の支店長が訪ねて来た。がれきの中を歩き回ったのだろう、泥だらけである。

「河野さん、地元の企業、一社も潰しませんから。地元の企業がダメになったら、みんなの生活が成り立ちません。私たちは全面的にバックアップします。廃業しようとしている会社があったら、すぐに、私たちに連絡してください」

通洋の手を両手で握り、涙をボロボロ流しながら言った。そして、その場で借入金の返済凍結を約束してくれた。

「自分をはじめとした、八木澤商店の役員は給料をもらわないことにして、社員に給料を払うことを優先したら、どれくらい貯金がもつだろう？……八ヶ月。大丈夫、八ヶ月あれば、このメンバーならなんとかするだろう。米びつが空(から)になるまで、やってやろう。それでだめだったら、それまでよ……」

通洋はこぶしを握った。

「オレ、社長やるわ」

通洋は、和義に言った。

(なにも、このタイミングで)

和義は一瞬そう思った。三年後くらいを目安に、社長を交代しようという話はしていたが、息子に苦労させたくなかった。しかし、すぐに、

(ああ、それはいい考えかもしれないな)

と思い直した。

再建は無理だ、と何度言っても、通洋は「うん」と言わなかった。これだけ強い気持ちを持っているなら、やっていけるかもしれない。

「そうだな」

しかしそう答えたものの、内心では、本当にできるだろうか？　とも思った。

これまで、八木澤商店の取引先の七〇パーセントは、地元の水産加工業者だった。しかし、そのほとんどが壊滅してしまった。買ってくれる相手もいないのに、再建など、本当に可能だろうか？

*

全国の取引先や、中小企業のネットワークである中小企業家同友会、八木澤商店の醤油のファンから、救援物資が届き始めた。

被災を逃れた自動車学校の教室を仮事務所にして、社員たちはそこに通い、ボランティアで配達を始めた。自動車学校の校長は、通洋が「自分のもうひとりの親父」と慕う、田村満（たむらみつる）（六四）だ。

「おお、通洋、無事だったか。ああ、いいよ、教室好きに使え」

涙を流して再会を喜ぶ通洋に、田村はひょうひょうと言った。

社員たちは、自宅で避難生活を送る家庭にも支援物資を配達した。

自宅が残った人たちは、電気や水道が止まっているのはもちろんのこと、食料が底を尽きても配給がないため、苦しい生活を送っていた。避難所にもらいに行くにも、家が残った自分たちが、と気が引け、肩身の狭い思いをしている人も少なくなかった。

八木澤商店はもともと、醤油や味噌を配達していたので地理に詳しく、どの家でどんな家族が避難生活を送っているか、だいたい見当がついたのである。これは、とても喜ばれた。

「さすが、八木澤さんだね」

「ありがとう」

声をかけられ、社員たちに笑顔が戻ってきた。救援物資の仕分けをしながら、誰かが冗談をいい、笑いが起きる。まだ、娘がみつからない者もいる。家族を失った者もいる。それでも、明るい雰囲気に包まれていた。

「働く、って、いいなあ……」

明るくなっていく社員の表情を見ているうちに、和義の気持ちも変わっていった。

「よし、やれるところまで、やってみるか！」

自分にとっては家族同然の社員たちだ。できることなら一緒に働きたいのは同じ。再建にかける通洋のゆるぎない強い意志を見て、こいつに任せよう、ハラをくくろう、と思った。

しかし、通洋が新入社員ふたりを入社させるつもりでいることに対して、父子の意見が対立した。

「お前、今いる社員に給料払っていくだけで大変なことだぞ。それに、再建するには数億円の借金しなくちゃなんない。さらに新入社員まで入れるって、そこまでお人よしをすることはない！」

息子を心配する親心からだった。だが、通洋も、一歩も引かない。

「親父はよく言ってたじゃないか。『会社の大きい小さいは関係ない、一番大事なのは信用だ。約束を守ること、正直でいること、それを続けていけば信用が後から付いてくる』って。だからおれは、新入社員との約束を守る」

「だいたい、本人たちの意見を聞いたのか？　トラック二台しかない、先もまったくわからない会社だぞ？」

「約束は、約束だ」

「新しく社員を入れるってことは、それだけ責任が増えるってことだ。ほんとにわかってんのか！」

「そんなことはわかってる。全部わかってる。いいだろ!!」

「勝手にしろ！」

和義は言い放ったが、内心、

（よし、ここまで言うなら、こいつは大丈夫だ）

と思った。

二〇一一年四月一日——「何もない」会社の新社長と新入社員

震災発生から二十日後。今日は通洋の社長就任式だ。式が行われるのは、仮事務所になっている、田村满の自動車学校の一室だ。

式が始まる前、社員のひとりが通洋に近付いてきた。手にぼろぼろの、幅一メートル位の板を持っている。

「これ。何だがわがる？」

「？」

「泣がせようと思って持って来たの」

「……、……。もしかして……、経営理念でねえが！」

彼女は姉が津波で流されたため、浜辺を捜索して歩いていた。

「したらなんか板があって、経営理念みだいだな、どごのがな、ってよぐ見てみたら、うちのだった。これは持って帰らなぐっちゃ、って」

八木澤商店の経営理念を記した板は、工場があった場所から七～八キロ離れた浜で見つかった。破れ、汚れてはいたが、文字はしっかり読める状態で残っていた。

一、私たちは、食を通して感謝する心を広げ、地域の自然と共にすこやかに暮らせる社会をつくります。

一、私たちは、和の心を持って共に学び、誠実で優しい食の匠（たくみ）を目指します。

一、私たちは、醤（ひしお）の醸造文化を進化させ伝承することで命の環を未来につないでゆきます。

社員たちとともに、悩みながら作（つく）った経営理念だ。通洋の目から、大粒の涙があふれた。

新入社員、村上愛季（むらかみあき）（一八）は、一緒に入社予定の同級生、細谷理沙（ほそやりさ）（一八）から、社長就任式があることを伝え聞いてやって来た。

村上は、行った瞬間、報道陣に囲まれた。

（なんだこれは？）

面食らっていると通洋が来て、

「入社予定の新入社員です」

カメラにむかって紹介し、助けてくれた。

村上が家族と暮らす家は、広田半島にある。広田半島は、広田湾の東側に位置し、大船渡市の大野湾の間に張り出している。

その広田半島は震災後、津波によって陸地から分断されていた。三キロ離れた広田湾からの津波と、大野湾からの津波が広田半島の付け根でぶつかって合流し、巨大な水柱が上がった。明治二十九年の明治三陸大津波の時にも同じ現象が起きており、地元ではこれを「水合い」と呼んでいた。水合いによって二つの湾がつながって海になり、広田半島は島になっていたのである。

広田湾の高台にある村上の家は無事だったが、電気も水もなく、情報源は電池式のラジオのみという生活を送っていた。

携帯電話も通じなかったが、ある日、広田半島の先の神社まで行くと電波が入るという情報を聞き、電池を差しながら携帯を持って行った。

果たしてその神社で電波をキャッチすることができたので、大船渡市に住む細谷と連絡を取ることができた。大船渡市は、場所によっては電気が通っており、細谷が学校を通じて情報を集め、村上に伝えてくれた。村上はいう。

「同じクラスで、内定取り消しになった子がいるって聞いてました。八木澤商店も、高田のとこ何もなくなってるよね、大丈夫かな、という話をしていたら、細谷さん伝えに学校の先生から大丈夫だっていう連絡来て。『え、ほんと？』って。嬉しい反面、どうやって仕事するんだろうっていう不安がありました。嬉しさと不安が半々っていう感じで。

家族はみんな高田で働いてて、親も、兄弟も、会社が流されちゃって仕事がなくなって行くところがないっていう中で、唯一仕事できるのが自分だったので、ほっとしました。こんな状況でも採用してくれるなんて、こんなことないよ、って話を家でずっとしてました」

孤島と化した広田半島だが、一ヶ月もしないうちに自衛隊が道をつけ、陸地と行き来できるようになったので、村上は式に来ることができたのだった。

自動車学校の一室で式が始まった。

式といっても、スーツなどない。オレンジのダウンジャケットを着た通洋は、集まった社員たちに語りかけた。

「雇用は全員維持すると、お約束します。物資配達や遺体捜索のボランティアも、すべて仕事として満額給料を支払います」

ほっとした空気が流れる。涙を浮かべている者もいる。

給料は、地元の岩手銀行から、光枝が引き出してきた現金で支払った。通帳も実印も流されたので、

「八木澤商店の河野光枝です。社員にお給料払わなくちゃなんないの」

窓口で光枝の「顔認証」でおろした。三月十一日までの社員の勤務記録も流されてなくなっていたが、労働基準監督署に提出していた勤務表が保管されていたので、それをもとに給料を計算し、前夜遅くまで通洋とふたりで必死に現金を数え、封筒に入れて用意した。

社員は喜びつつも、

「給料、あ、そうか、給料があったのね……という感じでした。兄弟や身内の捜索で、給料どこじゃなかったので」

という者も少なくなかったようだ。肉親の生死の前では、現実の生活を顧みる余裕もない。体調を崩したり、さまざまな事情から出席できなかった者もいる。

通洋は、式の中で、笑顔で村上と細谷に語りかけた。

「製造設備も、社屋も、すべて、一〇〇パーセントなくなりました。残ったものはトラック二台だけです。おふたり、どうでしょう、こんな会社ですけど……、入社してもらえますでしょうか？」

笑いが起きる。ふたりは、笑顔で何度もうなずいた。

「皆さん、これで私たちに新しい家族がふたり、増えました。

八木澤商店の最大の強みは、団結力と『便所の百ワット』といわれる明るさです。この土地を照らす、小さなランプでいい。光になりましょう」

村上は語る。

「行くまでは不安のほうが勝ってました。でも、社長の話を聞いてから、あー、なんか大丈夫かもしれない、って。漠然とですけど、熱さに圧倒されて。何もないけど、ああ、なんか大丈夫なのかなって。不安が取り除かれた感じはしました」

一方、社員の受け止め方はさまざまだった。入社十九年目の新沼美佐子はいう。

「再建、っていっても、目の前で流されているのを見てるので、何もないっていうのはわかってましたし、それまたやるっていわれても、うん？　ていう感じで、ピンときませんでした、正直。うーん、本当にできるのかしら？　って思ってましたねえ」

でも、と新沼はいう。

「母と姉を亡くして、こんな中で就任式に行っていいのか、直前まで迷いました。家族が行ったほうがいい、というので行ったんですけど…。でも、もし仕事がなかったら、ずっと家でふさぎ込むしかなかったと思います。仕事に助けられた部分はありました」

「便所の百ワット」。〝ムダに明るい〟といわれるこの明るさは、本当は、皆が傷だらけで放っている光だ。

吹き消されそうな灯も、集まれば燃え上がり、輝きだす。この明るさが、何にも勝る力だ。醤油屋にとって命といわれた桶ももろみもなくなったのに、八木澤商店は、確かに今、ここに存在している。

本当の財産は、人だったのだ。通洋は、何度もうなずいた。

〝どんなにかなしいことだとしても、どんなにつらいことだとしても、仲間がいればすくわれる。

働くことで忘れられる。だれかのために何かをすることで、明日への希望を感じることができる。心からの御礼と感謝を申し上げます〟

救援物資や応援メッセージを送ってくれた取引先への、お礼の色紙の真ん中に、通洋が書いた言葉だ。

社員たちも、言葉をつづった。

〝ポン酢を製造していたスタッフは生きてましたよ！　味付けポン酢は、いつの日か復活してみせますよ！〟

新沼美佐子はこう書いた。

〝なぎ倒された陸前高田が再び芽吹くまで、少しだけお時間を下さい。必ず必ず新芽をだし、花を咲かせます〟

「オレが感動したのは、通洋が『皆さん、これで私たちに新しい家族がふたり、増えました』って言った瞬間なんだ。あの時心から、こいつに任せて良かった、と思った。

震災の後、オレは何をしてた？　あきらめることばっかり考えてた。恥ずかしいよ。でも、もう違う。一歩一歩、前に進む。先はこれから、つくっていけばいい」

和義にも、もう迷いはなかった。

（注1）陸前高田市東日本大震災検証報告書（H26・7）より
※平成23年2月28日時点、住民基本台帳による（市外からの訪問者等は含まない）
※平成26年6月30日時点、行方不明者含む。犠牲者数は、市に死亡届があった人数による
（注2）陸前高田市東日本大震災検証報告書概要版（H26・8）より
※Webサイト等で一一三人としているものもあるが、これは売店等の職員二名を合算したものと思われる（陸前高田市役所）

けんか七夕で
使われる山車

第4章

スカイブルーの町

気仙地方と八木澤商店の歴史

陸前高田に住む人々は、ふるさとを「高田」と呼ぶ。読み方は「たかた」であったり、「たがた」であったりする。

陸前高田市が属する、気仙地方の方言は「ガ行」が鼻濁音になるのが特徴のひとつだ。地元の言葉で「たがた」と呼ぶ時の「が」は鼻濁音になる。

方言で表される「八木澤商店」も鼻濁音で、濁音の「ガ行」にはない情感が籠もり、やわらかく優美な響きがある。

「この町で何かことが起こると、あそこ（八木澤商店）が本陣になる」

といわれてきた八木澤商店は、この町の歴史と深い結びつきがある。

陸前高田市は、気仙川によって形成された東西一・五キロ、南北約二キロの堆積平野を中心として発展した。この平野部の広さは、三陸地方のリアス式海岸の中で最も大きい。

「高田は陽当たりがいいって、まわりの町からうらやましがられんだよなあ」

とは、河野和義の弁だ。

夏は涼しく、冬は内陸部と比べて温暖で降雪量も少ないため、過ごしやすい。

陸前高田市は、昭和三十年、高田町・気仙町・広田町・小友(おとも)村・竹駒村・矢作村・横田(よこた)村・米崎(よねさき)村が合併して発足した。

市制発足の歴史は新しいが、気仙地方の歴史は古く、縄文時代から人が住んでいたようだ。四百以上ある遺跡の中に、五十ヶ所以上貝塚があることから、海の恵み、山の恵みが豊かで暮らしやすい地域だったことがわかる。

阿部史恵は、平野の周囲を山々が囲む、陸前高田市の風景をこう表現する。

「高田の景色を切り取ってみると、どんな場所からでも、スパーンと上が半分以上、空の絵になります。だからかな、高田から離れると、あー、空が狭いなあ……、って息苦しくなる。なだらかな丘の上の空でも、落ち着かないんです。平面に切れた空じゃないと」

空、気仙川、広田湾のブルーに包まれているからか、この土地の人は、

「高田の色は青」

と言う。

「高田の青」は、水色に近い明るさのスカイブルーだ。河野通洋の母校、岩手県立高田高校のスクールカラーも、スカイブルーである。

「……もっとも、この地形が、津波の被害を大きくしてしまったっていう話はあるんですけどね」

阿部は、複雑な表情になる。

平野部から海が見通しにくかったことで、逃げ遅れた人がいた。また、周囲を山が囲んでいるため、津波が遡上しながらせり上がり、浸水域は高さ一〇メートルを超えた。市内の津波最高到達点は、一七・六メートルであった。

通洋の妻、千秋が、津波の後、沿岸部の様子を確かめるために登った廻舘橋のそば、竹駒

（旧気仙郡竹駒村）には、その昔、玉山金山という金山があった。この玉山金山が気仙地方の歴史に果たした役割は大きい。

玉山金山で金の採掘が始まったのは奈良時代といわれ、奈良の大仏を建てる時、ここから産出された金が使われたという。奥州の藤原三代とも深い関係があり、平安時代に建設された平泉の中尊寺金色堂には玉山金山の金が使われた。

平安時代初期の文献に「気仙郡」という地名が出てくるが、この気仙郡が、現在の陸前高田市の前身にあたる（旧気仙郡は現在の大船渡市、陸前高田市、住田町で構成される）。

気仙郡には、玉山金山以外にも金、銀、銅、鉄などがとれる鉱山がいくつもあった。十三世紀に東方を旅したマルコ・ポーロの『東方見聞録』に出てくる「黄金の国ジパング」とは、玉山金山を中心とした陸奥の国（気仙地方）を指していたといわれる。

戦国時代になると、豊臣秀吉が玉山金山を直轄した。のち安土桃山時代に入ってからは伊達政宗が支配し、気仙郡は伊達領となった。伊達家は鉱山開発に力を入れたため、気仙郡の中心部は、一関城下と、八木澤商店があった今泉を結ぶ今泉街道、釜石と仙台を結ぶ気仙道が交差し、宿場町として発展した。

気仙郡の山から良質な気仙杉がとれ、江戸時代には「気仙大工」と呼ばれる、優れた技術を持つ技能集団が生まれた。気仙大工の技術は広く評価され、遠く江戸城や大坂城まで出かけていった。船や家、神社仏閣を主に建築したが、建具や彫刻、土蔵も手がけ、「なまこ壁」など特徴のある装飾を取り入れた。

気仙郡は、長い歴史の中で何度か津波に襲われてきたが、今泉のあたりに水が入った記録はなく、こうした技術の高い建築物が町中に多く残っていた。

伊達領となった今泉村に、元和六年（一六二〇）、伊達政宗に大肝入として任命された吉田家が移住してきた。大肝入は、伊達家に代わって気仙郡の二十四の村を管轄する役割を担った。大肝入が置かれたことによって、人々は幕藩体制の強い支配を免れ、比較的自由な暮らしをすることができた。

八木澤商店の歴史は、この頃、幕をあけた。

享和二年（一八〇二）に建てられた大肝入吉田屋敷は、八木澤商店のすぐ裏手にあり、初代の河野利兵衛通敦は、創業するまでの六年間、大肝入の補佐的役割を担う検断の役に就いていた。今泉は気仙郡の政治経済の中心地であり、八木澤商店の祖も、そこに携わっていたといえる。

気仙町今泉の夏の風物詩、「けんか七夕」は、九百年にわたって地元の若者が血潮をたぎらせてきた祭りである。毎年ハイライトの山車のぶつけ合いは八木澤商店本店の前で行われ、和義は長年、けんか七夕保存会の会長をつとめてきた。

「この祭りは、若者がみんな、好きなんだよな。義務感じゃなくて、本当に好きでやってる、っていうのが特徴なんだ。これは俺の推測なんだけど、昔から地域をうまく統治するための

『ガス抜き』の役割があったんじゃないかと思う」

八木澤商店は、文化四年（一八〇七）、八木澤酒造として創業する。利兵衛通敦が検断に就いていたことで、酒造株（免許）を取りやすかった背景があったようだ。

光枝はいう。

「たぶん、今泉はすごく豊かな土地だったんじゃないかしら。昔、旦那衆が遊んだお座敷なんかもあったのよね。旅館や料亭が十軒以上、神社仏閣が五つもあったし」

利兵衛通敦は、酒造業のほかに海運業や太物（ふともの）（綿・麻織物など）商にも手を広げたが、船が沈没し、借財を抱えることになった。この借財は、完済に三代かかる莫大なものだった。

この時の借用書が、経営失敗の不名誉な資料にもかかわらず、表具し、立派な箱に入れられて残されていたことから、通洋たちは、

「これは、本業の醸造業以外に手を出すな、という祖先の教えだ」

と考え、身の丈（たけ）に合った商売を大切にしてきた。

大正時代には、創業の頃から蔵人のまかない用につくり続けてきた味噌、醤油醸造の兼業を始める。

時代が昭和に入ってからは、第二次世界大戦の食糧難の時期、気仙地方の酒造会社は合併をせまられた。昭和十八年、八木澤酒造を含めた八つの酒造業が合併して気仙酒造操業工場となった。これは、現在も続く酔仙酒造の源流となる。

翌年、さらに生産高を減らすように行政から指導が入り、八木澤酒造は味噌醤油製造業を副業として持っていたことから、気仙酒造操業工場を外れることになった。

八木澤商店は、この時から味噌、醤油醸造業を本業として、再スタートを切ったのである。

祖父が残した宝物

昔から陸前高田に住む、ある一定の年代以上の者は皆、知っている。

きらめく「高田の青」、命のゆりかごである広田湾が、通洋の祖父、八木澤商店七代目の河野通義（みちよし）が、生涯をかけて子孫に残した宝であることを。

ことの発端は、一九七〇年、広田湾を埋め立て、工業地帯として開発する方針が持ち上がったところから始まる。

一九七二年、岩手県は「大規模開発プロジェクト推進委員会」をもうけ、石油精製・火力発電・中小造船を誘致する基本構想を公表した。計画には「アルミ精錬・アルミ加工・原油基地・食品コンビナートも考えられる」と付記した。

目立った産業のない陸前高田市を、工業都市として発展させることを目指したものだった。

しかし、広田湾を埋め立て、工業地帯化すれば、漁業は壊滅する。漁民が猛反発し、町は大揺れに揺れた。反対する漁民を、多くの市民が支援した。

漁民から相談を受けた通義は、ずさんな計画内容を知り、怒りに震えた。

ある日、通義は和義を呼んだ。和義は、北海道出身の光枝と結婚し、長女の遊（よしみ）が生まれたばかりだった。

「俺は、今日から命をかけて、この計画に反対する。こんな馬鹿げたことを許すか許さぬか、勝負の時だ。八木澤商店の財産を全部使わなければならないかもしれないが、お前はお前で、女房、子どものことはなんとかしろ」

通義の母は、

「あんたが正しいと思ってそうするなら、たとえ八木澤商店が潰れてもかまわん。正々堂々とやりなさい」

と息子の背中を押した。

しかし、すでに市議会が議決し、県も関わって動き出している計画だ。通義はこうも言った。

「相手が大きすぎる。この闘いには、たぶん負けるだろう。ただ、孫たちが大きくなった時『じいちゃん、あの時なんで何もしてくれなかったの』と言われるのは嫌だ。これから男の生き様を見せる」

和義は言う。

「親父は学者肌で、すごい読書家、勉強家だった。いわゆる旦那様だったけど、革新的な人だった。あの時代に、エコロジーの思想を持ってたんだよ。『この闘いは、象にネズミが向かっていくようなものだ。でも、蜂のひと刺し、という言葉があるが、ネズミが何もしないのでは意味がない』と言ってたね」

通義は、漁民支援団体のひとつ「広田湾埋め立て開発に反対する会」の会長に就任した。普段はもの静かな通義だが、胸の中に燃える怒りの火は激しかった。東北新幹線が開通していない時代に、東京大学で開催されていた、課外講座の公害原論を学ぶため、毎月東京に通った。

計画は、町を二分した。目立った産業のない町を活気づけ、雇用が生まれるなら、海を埋め立てるのも仕方ないのではないか、という意見を持つ賛成派も、少なからず存在した。

通義が反対派から熱烈な支持を受ける一方で、賛成派による八木澤商店の不買運動も起こった。

それでも通義は志（こころざし）を曲げず、計画の論理や数字の矛盾（むじゅん）をひとつひとつ具体的に指摘した。

『八木澤商店 二百年史』（二〇〇七年　西田耕三著　創業二百年記念行事実行委員会編）には、こう記されている。

『食品コンビナート誘致のひとつ、コーンスターチについては、

「乱売戦のブドウ糖や水あめの原料となるコーンスターチが、トン当たり四万円ぐらいなのに、トン九十五万円で一万トンを売るとは、おめでたい話だ」

原油備蓄基地の計画については、

「広田湾に三〇トンのタンカーで輸入するぐらいなら、もうひと足延ばして、年間に原油三〇〇〇万キロリットル近くも生成している『むつ小川原』へ行くほうが安上がりだ。津波が必ず来る広田湾で、事故でも起こったらとり返しがつかない」

といった具合である。通義の反対理論は冷静で論理的であった』

また、通義は討論にたつ一方で「美しい郷土」と題した会報を毎号一万部ほど刷って配り、運動を浸透させていった。

漁民たちは、先んじて工業化した地域を視察に行き、死んだ海をつぶさに見、地元の漁民の嘆きを聞いた。

時は高度経済成長末期で、水俣病や四日市ぜんそくといった公害の記憶も新しく、全国で赤潮や光化学スモッグが問題になっていた。

漁民だけでなく、全国各地に滞在して仕事をしていた気仙大工も、「自分たちのふるさとは、こうなってほしくない」と情報誌に寄稿した。

通義は、こう書いている。

「高度経済成長で海の埋め立ても進み、日本本土の自然海岸率は五〇パーセントを割ったと聞く。せめて三陸海岸だけでも豊かな自然を遺し、その恩恵を末代まで受けようではないか。……海は埋め立ててしまえば決して元に戻らないし、埋め立ては必ず拡大する」

広田湾の西部を形成する、唐桑半島を隔てた宮城県側の漁民も立ち上がった。広田湾が汚れれば、唐桑の漁業にも大きく影響するからである。

ある時、広田湾に黒い船影が現れた。波をたてて近付いてきたのは、大漁旗をかかげた漁船である。唐桑半島の陰から次々に現れる漁船は列をなして連なり、広田湾を埋め尽くした。その数、二五〇隻。

この海上デモの先頭をきったのは、唐桑半島で牡蠣の養殖を営む漁師、畠山重篤である。まっすぐな漁民の怒りは、見る者の心を震わせ、圧倒した。

通義と意気投合した畠山重篤は、のちに、漁業には、上流の山の状態が大きく影響することに気付き、エッセイ『森は海の恋人』を執筆した。以降、漁業のかたわらで森に木を植え、山と海、汽水域を守る「牡蠣の森を慕う会」の活動を展開していくことになる。

通義は訴えた。

「われわれは、金で堕落を買うことはできるが、命を買うことはできない。目先の利益にとらわれて、後世に悔いを残してはならない」

次第に市民の中に共感が広がってゆき、一九七三年、市役所前の総決起集会には、反対派の市民ら数百人であふれた。

こうした動きを受けて、岩手県はこの年、広田湾の埋め立て凍結を発表した。しかし、市はその後もあきらめず、計画の策定を続けた。一九九一年に計画が削除されるまで、約二十年にわたって通義の闘いは続いた。

『この反対運動の特徴は、「理論闘争」だった。通義の徹底した理論体系の構築が、運動の柱となって多くの市民の共感を得、ついには調査用の杭一本も打たせることなく、白紙撤回を勝ち取ったのだ』（『八木澤商店 二百年史』より）

通義は運動が終わった途端、

「開発をやめさせたのは俺ではない。勝ったのは、漁民だ」

と表舞台から身を引いた。

反対運動の最中、一九七三年に生まれた孫の通洋は、この祖父の影響を強く受けた。

「意見が異なる相手の話でも、徹底的に耳を傾け、話し合いなさい」

「相手が自分と同じ意見だったとしても、まず、ひと呼吸置いてから返事をしなさい。それからでも、遅くはない」

祖父の言葉をひとつひとつ、胸に刻んで育った。

通洋の妻、千秋は言う。

「『醤油は料理の黒子だ。だから、つくる人間も黒子でなければならぬ』みたいなことを言う、ちょっとカッコイイおじいちゃんでしたね」

和義は、苦笑いしながら思い返す。

「親父は、経営のことを相談しに来る通洋に、だらっと目尻を下げてたな。俺を見る時は鬼の顔、通洋を見る時は仏の顔、だったね」

二〇〇八年、通義は肺炎により、八十六歳でこの世を去った。通義が残した信念は、和義、通洋父子にしっかりと受け継がれている。

生揚醤油の誕生

八木澤商店七代目、河野通義から、八代目河野和義へ経営が引き継がれたのは、昭和六十三年（一九八八）、和義四四歳の時である。

和義は、小学六年生から東京の親戚に預けられ、大学を卒業するまで、東京の学校に通った。

父の通義は勉強が好きだったが、自身は商業高校を卒業した後、家業のために泣く泣く進学をあきらめた経緯があった。息子にはしっかり勉強させたいという思いがあったのかもしれない。

「簡単に言うと、跡継ぎだから、いい大学を出ていつか帰ってこい、ということだったんだろうな。親父の命令は絶対で、自分の意志がどうこう言える時代じゃないんだよ」

中学校までは真面目だった、という和義だが、高校に進学してからは、決められたレールを歩む人生はイヤだ、と思うようになった。ついには入っていた寮を脱走する。

「これからは自分で生きていこう、退学しようと思って家出したの。銀座の飲み屋でドアボーイをしてたんだ」

一ヶ月後に見つかって連れ戻され、結局、そのまま大学に進学した。

大学に行っても、醤油屋は継ぎたくない、という思いは変わらず、勉強よりもウエスタンバンドの演奏に精を出したり、アメリカへ旅行したりした。

「ただ、俺は跡継ぎはイヤだったんだけど、子どもの頃から休みのたびに帰ってた陸前高田は嫌いじゃなかったんだよな」

和義が大学を卒業し、陸前高田に帰ってきたのは、二四歳の時だ。

積極的に家業を継ぎたいと思うようになったわけではなかったが、かといって他に特別にやりたいことがあったわけでもない。

ここまで遊学させてもらったのだから、ある程度、運命に従わざるを得ない。観念した、というところであった。

北海道出身で絵の勉強をしていた光枝に出会い、熱烈なプロポーズの末、結婚したことも大きかった。

和義は、八木澤商店の仕事を覚えるために営業に回るうちに、次第に、

「これはまずいんじゃないか」

と思い始めるようになった。

当時は、いかに簡単に安い醤油をつくるかが勝負、という時代だった。

第二次世界大戦後の食料難の時期、アメリカのGHQは、製造に一年以上かかる天然醸造は経済効率が悪い、と醤油製造にまわす輸入大豆の量を規制しようとした。

それに対し、日本の醤油醸造の火を消さないために、大手メーカーが中心となって、もろみのタンクを温度調節したり、発酵を促進させる酵素を添加したりすることで、二～三ヶ月で完成する「速醸法」を開発した。

こうした技術の開発によってGHQの規制を免れ、醤油醸造に輸入大豆が回されるようになったが、その原料は脱脂大豆だった。脱脂大豆とは、大豆油を搾った後の残りのことだ。

脱脂大豆は粉砕されているので、麹菌や乳酸菌が入り込みやすく、発酵期間が短くできる。また、不純物が少ないため、大量生産に向いていた。この頃つくられていた日本の醤油のうち、九七パーセント以上が脱脂大豆を原料としていた。

戦後から時がたってもその流れは受け継がれ、低コストの原料を使い、速醸法で大量生産した醤油を安く売る、熾烈（しれつ）な価格競争がくり広げられるようになっていった。

速醸の醤油をカラメル色素で着色し、化学調味料を入れたり、人工甘味料を入れたものも登

場した。さらには、醤油をつくることはせず、もとになる液体を買ってきて詰めるだけというスタイルも増えた。

こうした時代の中で、伝統的な醤油づくりをしてきた業者が、いくつも姿を消していった。

和義は危機感を持った。

「同じことをしたって、うちみたいな小さいところが勝てるわけがない。自分が子どもの頃から見てきた醤油づくりを途絶えさせてはいけない。未来に本物を残すべきだ」

和義は、数年間かけて、試行錯誤を始めた。

脱脂大豆に対して丸大豆は、油を搾っていない「まるごとの大豆」を意味する。丸大豆には油脂が含まれているので、脱脂大豆に比べて醸造が進みにくく、熟成に時間がかかる。しかし、この油脂分が、醸造中に分解され、まろやかで濃厚な旨味が出るのが特徴だ。

和義は、工場長にかけあった。

「昔のつくりで、どうせなら岩手県産の丸大豆、国産小麦を使いたい」

しょせんお坊ちゃんの道楽だ、と考えた工場長は渋りに渋った。

「そんなものつくったって、天文学的な値段になってしまうから、誰も買わないよ」

和義は、粘り強く説得した。

「今やらなければ、九代目、十代目に技術を伝承できなくなります。販売用にならなくてもいい。八木澤の伝統として、つくりだけでも残したい」

この言葉が工場長の職人魂に火をつけた。一時は辞表まで出そうとした工場長だが、心機一転、一緒につくってくれることになった。

醤油づくりは、麹づくりから始まる。大豆を蒸し、炒って砕いた小麦を混ぜ合わせ、そこに種麹と呼ばれる麹菌（アスペルギルス・オリゼー、アスペルギルス・ソーヤ）をまぶすのだ。麹は、大豆や小麦のタンパク質やデンプンをばりばり分解していく、スターターとでもいうような役割を担っており、麹の出来不出来が、その後の商品のよしあしを左右する。

蒸した大豆と炒って砕いた小麦に種麹を混ぜたら、麹室に三日間ほど寝かせる。うまくいくと、麹菌が繁殖して、原料を胞子が覆い、黄緑色の花が咲いたようになる。

しかし、相手は生き物だ。温度が高くても、低くてもうまくいかない。麹菌は、発酵しながら熱を出す。温度があがりすぎていたら麹をほぐし、風を入れて涼しくしてやる。温度が足りなければ、麹室を暖めて活動を促す。うまれたての赤ん坊を育てるように、夜中でも数時間おきに起きて面倒をみなければならない。

昔は、麹づくりの間、蔵人は麹室に寝泊まりして作業した。和義が子どもの頃、若い蔵人がたくさん寝泊まりして働いていたのを覚えている。

八木澤商店では、昭和三十八年（一九六三）、サーモスタットと自動製麹（せいきく）機を備えた麹室を建てた。この頃の麹室は、温度を上げるために練炭を使用しており、火事や一酸化炭素中毒を起こす危険が常につきまとった。通義は、安全のためにできるだけ早く導入したいと考えたようだ。この麴室は、当時としては最新式で、東北地方の醤油屋が大勢見学に訪れた。

現在は、ほとんどの醸造元で自動温度調整と自動製麴機を備えた麴室が導入され、蔵人が麴室に寝泊まりするところはごく一部である。しかし、温度調節やほぐす作業が自動化されても「麴の花がうまく咲くかどうか」が、もっとも気を使う作業であることは、今も昔も変わらない。

うまく麴ができたら、食塩水を加えて混ぜ合わせ、発酵させてもろみをつくる。醤油の味や香りを決めるのは、原料と麴菌だけでなく、もろみの発酵過程に関わる酵母と乳酸菌の影響も大きい。

乳酸菌や酵母の他にも、発酵に関係する菌が仕込み蔵や杉桶にたくさん棲み付き、DNAを変化させながら何代もかけて独自の変化を遂げる。

八木澤商店には、仕込み蔵も杉桶も、八木澤酒造の時代から使い続け、受け継がれてきたものがある。これらに棲み付いた「蔵付き酵母」が、他にはできない風味、「蔵ぐせ」をつくり出すのだ。

杉桶に仕込んだもろみは、発酵を促し、均一に熟成が進むよう、櫂棒(かいぼう)と呼ばれる棒で、毎日攪拌(かくはん)し、空気を送ってやらなければならない。仕込んだばかりのもろみはまだ固い。大の男でも、桶を一本混ぜると汗びっしょりになる重労働だ。

もろみの仕込みは、冬から春先にかけて行われる。気温が上がってくると、発酵が盛んになるので、それまでに仕込みを済ませておくのだ。

もろみの熟成が進むにつれ、大豆や小麦のタンパク質やデンプンはアミノ酸やブドウ糖に分解され、次第にやわらかく、ドロドロになっていく。

分解が進んでいくと、今度は麹菌にかわって乳酸菌と酵母が活躍し、乳酸や有機酸、アルコールを生成し、それらが反応し合って、さまざまな旨味成分や香気が生まれていく。

世界には、ビールやチーズ、キムチなど、数多くの発酵食品があるが、醤油のように、何種類もの微生物がバトンタッチしながら役割を果たし、複雑な味や香りをつくっていくものは珍しい。

どの微生物が、どの段階で、どう働くかによって品質も変わる。それぞれの微生物が力を発揮できるよう環境を整え、見守るのが蔵人だ。醤油は、微生物と人とのコンビネーションでつくりあげる調味料なのだ。

初夏から夏にかけて、もろみの発酵はどんどん活発になり、しきりに炭酸ガスを出す。

「パチパチパチパチ……」

「ボコボコボコボコ」

「ブツ、ブツ、ブツ、ブツ」

蔵の中はもろみの大合唱で、それはにぎやかになる。

熟成が進むと、最初は大豆や小麦の薄いベージュ色だったものが、アミノ酸とブドウ糖の褐（かつ）

変反応によって、次第に茶色味を増していく。

和義と一緒にもろみの熟成を見守ってきた工場長が、ある時、

「もろみの搾りは、油圧機ではなく、梃子搾りを使ったらどうでしょう」

と提案してきた。工場に、昔ながらの梃子搾りの機械が残っていた。

機械式の油圧機は、強い圧力をかけてギリギリまでもろみを搾り上げる。

強い力をかけず、ゆっくり時間をかけて搾る昔ながらの梃子搾りだと、時間はかかっても、雑味が少ない、まろやかな醤油になる。油圧機のほうが効率がいいことはわかりきっているが、工場長もまた、昔ながらの蔵人の血が騒いだのだろう。

麻布に包んだもろみを、木製の槽に積み上げ、長い丸太を乗せて、その先に吊るした重石で圧力をかける。七二〇ミリリットルの瓶を五百本満たすのに、一週間かかる。

油圧機で搾った後に出る醤油粕が二〇パーセントなのに対し、梃子搾りは四〇パーセント。贅沢なようだが、かつて醤油は皆、こうしてつくられていたのである。

だからこそ、昔の人は醤油の一滴一滴を大切にした。

こうしてゆっくり搾った、こだわりの醤油が完成した。

「これこそ、本物だ。俺が子どもの頃食べてた味だ」

満足できる仕上がりだった。しかし、値段をつけるためにコストを計算した和義は、

（うわっ）

と思った。

一升三千円。脱脂大豆の速醸醤油と比べて原価が七～八倍かかっており、これでギリギリの値段だった。

おそるおそる、父の通義に、

「親父……、俺、道楽しちゃったよ」

と告げると、通義は、

「お前、今、男の散髪代はいくらだ？」

と意外なことを聞いてきた。

「三千円くらいかな」

「じゃあ、お前はまともなことしたんだ」

「なんで？」

驚いて聞き返すと、

「昔は、地元の農家さんを大事にして、いい大豆、小麦を選ばせていただいて、農家さんも納得する値段をちゃんと払って、そしてうちでつくって地元の人に食べていただくという正三角形があったんだ。その時代の醤油一升は、男の散髪料の値段と同じだったんだ。お前、八木澤商店に入って、初めてまともな仕事したな」

もの静かで厳しい父から、初めてもらったほめ言葉だった。

父の言葉に背中を押され、「生揚（きあげ）醤油」と名付けて売り出した自慢の醤油は、同業者からさんざんバカにされた。

「一升三千円、あんた、気でも狂ったの？」

最初はなかなか売れなかった。しかし、時がたつにつれて、本物の味や安全な食品を求める消費者の間で評価され始め、やがて、全国にファンを持つ人気商品となった。

和義が次世代に本物を残そうと奮闘した「生揚醤油」は、八木澤商店の看板商品になったのである。

八木澤商店の社員たち。
前列中央が河野和義。
右から二人目が河野通洋
※写真は震災後

第5章 信頼関係なんかクソくらえ

オレが会社を立て直す

千秋は、初めて気仙町今泉の町並みを目にした時のことを覚えている。

「わー、すごい。こんな素敵なところで暮らせるんだ！」

ごく普通の、東京のサラリーマン家庭で生まれ育った千秋にとって、ぐねぐねした細い道や古い蔵は、魅力的に映った。かつての玉山金山は、金だけでなく、美しい水晶も大量に産出した。気仙川上流では、今でも水晶を拾うことができた。

千秋がその時見に来たのは「けんか七夕」だった。

「けんか七夕」は、毎年八月七日（旧暦の七夕）に開催される。

勇壮な太鼓の音色に合わせて、樹齢五十年の杉の丸太を、山から切り出してきた太い藤づるでガッチリ縛り付け、重さ四トンの山車を引いてぶつけあう。

藤づるも丸太も毎年新調するが、これは山の手入れにも大きな役割を果たしてきた。

藤づるなら、なんでもいいわけではない。山車に適した種類の藤づるが茂る場所を、古くから山を歩き、知り尽くした木挽（こび）きたちが若者に教え、若者が切り出す。藤づるを切ることが山の手入れにつながり、次世代への智恵の伝承になる。

千秋の両親は、娘に歴史ある商家の嫁が務まるのか、と心配したが、楽天的な千秋は、なんの不安もなかった。

通洋と千秋の出会いは一九九二年。千秋は体育大学の二年生を終えたところ、通洋は高校を卒業したばかりだった。アメリカ留学に出発した飛行機で、席が隣り合わせだった。

高校生の頃の通洋は、母の光枝に言わせると、

「まったく勉強しないで、いつも友達とワーワーやってる。何考えてるのかさっぱりわからない。一体将来どうするつもり！」

通洋には、年子の姉と、一〇歳下の妹がいる。八木澤商店の長男として生まれ、九代目として生きることを運命づけられていたが、本人に家業を継ぐつもりは一切なかった。

高校生のある日、アフリカの砂漠を緑化した、鳥取大学の遠山正瑛教授の本を読み、深く感動した。そして心を決めた。

「自分も、アフリカの砂漠を緑化しよう。国連の職員になろう。そのためにアメリカの大学に行く」

光枝は呆れ返った。

「『日本の大学を受験したって、まともに勉強してないから受からない。それに、日本の大学は学費が高い。アメリカ行ったほうが安上がりで親孝行だろ』って、ものすごい理屈よねぇ」

結局、担任が両親の説得に協力してくれたおかげで、アメリカ行きが実現した。

「先生が『通洋は必ず戻ってきて八木澤商店を継ぎますから』って言ってくれたお陰で行けた

んだけど、自分はまーったく戻る気はなかったですね。その先生には今でも頭が上がりませんけど。通洋、同窓会の幹事やれって言われたらハイハイ、って」

通洋は笑う。

最終的に和義も渡米を認めたのは、自身の若い頃の苦悩を、通洋に重ねたためかもしれない。

千秋は、スポーツトレーナーになりたいという夢を持って渡米した。

通洋と千秋は、語学学校のクラスで、またしても一緒になった。

「うわっ、俺と同じクラスか。年上のくせにバカじゃーん」

という通洋に千秋は、

「そっちこそ、宿題がどこかも聞き取れないなんて、一体アメリカまで何しにきたの」

宿題はここ、怪しいギャングに声をかけられても付いて行っちゃダメ……、手のかかる弟の面倒を見ざるを得ない、という感じで関わっていた。

「東京にいる時点で既に、酔っぱらいのケンカを止めに入ろうとしたりするんです。アメリカでも暗闇から呼ばれたら、『なになに、なにがあるの?』って目を輝かせて行こうとする。都会の怖さを知らない。素直といえば素直なんですけど、あまりにも人を疑わないんですよね。面倒見てあげないと、この人死んじゃうかも、って思って」

周りから、姉弟のようだと言われていたふたりだったが、いつしか、お互いが大切な存在に変わっていった。

「通洋さんはいつも、友達の話ばっかりしてましたね。俺の友達はすげーんだぞ、って。そうか、いい友達がたくさんいるんだな、って思ってました」

千秋が一九九五年に帰国してから、しばらくアメリカと日本の遠距離恋愛が続いた。

父の和義が脳梗塞で倒れた、という知らせが入ったのは、一九九七年のことである。

通洋は、コロラド州レッドロックスコミュニティカレッジを卒業し、大学へ進学しようとしている時だった。和義は、

「帰ってくるな」

と言ったが、通洋は反対を押し切って帰国した。父が倒れてもアメリカに居続けるという選択は、やはりできなかった。

通洋が帰国した翌年、ふたりは結婚した。

さいわい和義は命に別状なく、通洋は、和義の友人が経営する盛岡のホテルで三年間修業することになった。その後、盛岡で生まれた長男の通明を連れ、家族三人で陸前高田に戻ってきた。

＊

通洋が盛岡から戻り、八木澤商店に入社した頃、会社はもともと経営状態が悪化しているところに水害を受け、特別損失を出すなど、厳しい状況だった。

八木澤商店の社員たちは、社員といっても、親戚や古くからいる者が多く、子どもの頃からかわいがってくれた人がたくさんいた。

「こういう会社はいいなあ、ほっとするな」

最初はそう思ったが、経営状態の厳しさから、ボーナスが減ったことや、さまざまな不満が、しだいに通洋に集まるようになった。まだ若く、昔から知っているので、言いやすかったのだろう。

「なんだ……。結局カネか。信頼関係とかなんとかいって、カネでつながってるだけじゃないか」

通洋は、だんだんそう考えるようになった。経営状態が良くないために、銀行からの信頼も失い、貸し渋りを受けるようになった。

「じゃあ、いっぱい稼いで給料上げればいい。会社は、金儲けが一番大事だ。オレが立て直してやる」

キャッシュ・フローを改善するため、徹底的に現状分析した。そしてビジネス書を片手に、会計事務所に指導されながら事業計画をつくった。

「俺に、会社の立て直しを任せてくれ。条件は役員報酬を一律二〇パーセントカットすること、それから人事権を一任させてほしい」

八木澤商店社長である父の和義にかけあい、会社役員として専務取締役に就任した。

社員たちには一切相談せず、ひとりひとり、全員がやることを勝手に決めて紙に書いた。

「この担当はあなただから、いついつまでにやるように」

締め切りもすべて決めて、会議の場で指示した。できていなければ、

「なんでこれができねえんだ！」

みんなの前で、きつく責めた。重箱のスミをつつくように、いろんなところをチェックして、ムダだと思うものをすべて削った。

「あんたは、オレたちとの信頼関係をなんだと思ってんだ⁉」

古くからいる社員に、突きつけられたこともある。

「そんなものはクソくらえだ。仲良しクラブじゃ食っていけない」

通洋は言い返した。

「そんなもので飯が食っていけるほど、世の中は甘いもんじゃない。あんたたちを食わせてやんなきゃなんねえんだから、黙ってついて来い」

見かねた和義は、

「お前、そんなんじゃ嫌われて信頼を失うぞ」

息子に何度か忠告したが、

「親父、会社の立て直しをオレに任せるっていっただろ。今までのまんまじゃダメなんだ。オレにはオレのやり方がある」

いっさい、耳を貸さなかった。

「あの頃の通洋は、半端じゃない生意気さだった」

と和義は振り返る。見守りながら、気が気ではなかった。

社内にはギスギスした空気が流れ始め、そのうち、社員から、

「やってられるか」

「悪いけどついていけない」

「こんなヤツが跡継ぎになるんなら、八木澤商店はもうおしまいだ」

という声が出始め、次々に辞めていく者が出た。

しかし、社内の雰囲気とは逆に、徹底的にコストを削り、たまたま営業がうまくいったこともあって売上げが伸び、会社の業績は良くなっていった。

貸し渋りを受けた銀行に、トランクに現金を詰めて乗り付け、

「耳そろえて返すから、数えろ」

と突きつけたりもした。

「いやあ、すごいですね。こんな短期間で、業績をあげるとは」

手のひらを返したようにあちこちの銀行で持ち上げられ、通洋は鼻が高かった。

「やっぱり大事なのは利益だ。悪役になってもいい、もっともっと数字を良くしてやる」

何のために経営するのか

通洋が、地域の中小企業の経営者や社員でつくる「中小企業家同友会」に顔を出すようになったのは、その頃だ。

「参加しませんか」

と誘いを受けた時、

「お、ここにはいっぱい社長さんが来るのか。じゃあ、うちの醤油を買ってもらえませんか、と営業できる。これは儲けられるぞ」

と参加することにした。実際、何人かと仲良くなって取引が成立した。

通洋は、この中小企業家同友会の「経営指針を創る会」にも、参加してみることにした。

中小企業家同友会でつくる経営指針は「経営理念」「経営方針」「経営計画」の三つからなる。

中でも、自分たちの会社が何のために存在し、何を目的に、どんな会社を目指すのかを示す「経営理念」は特に重要だ。

「経営方針」は、経営理念を徹底し、具体化するために中期（三～五年）のあるべき姿と目標を示し、そこに到達するための道筋を示す。

そして、経営理念を基本に、経営方針、戦略をさらに具体化した、利益計画を中心とした具体的な実行計画（アクションプラン）が「経営計画」だ。

この「経営指針を創る会」は、「よい会社をつくる、よい経営者になる、よい経営環境をつくるための道場」で、この会を経たものは皆、泣かされて変わっていく、というもっぱらのウワサだった。

「ほー、かかってこんかい」

通洋は、最初から戦闘モードだった。

「涙を流す？　やれるもんならやってみろ。道場破りしてやる」

他人にとやかく言われなくても、自分は完璧にできている。実際、自分が専務に就任してから会社の財務状態は良くなった。

あらゆるビジネス書をひらいて勉強し、誰からも突っ込まれようのない完璧な事業計画書と経営指針が、もうできている。銀行に出して、ほめられたものだ。それを引っさげて六ヶ月間の講座にのぞんだ。

自信満々で、延々と発表した。

「ああ、いいね」

「いいんじゃない？」

皆も感心しているようで、何も言われない。まわりの受講者は、当初のウワサ通り、時には自分のふがいなさに涙を流し、自分の会社に持ち帰って社員とぶつかり、それをまた持ってきて……、と苦労しながら、どんどん変わっていった。

そうこうしているうちに、「経営指針を創る会」も、終わりが近づいてきた。もう残すところ、あと一ヶ月だ。

通洋は、ホテルのロビーを歩きながら、ふと思った。

「自分だけ、変わっていない気がする……。なんか、おかしい」

変わってたまるか、と思っているから当たり前だったが、本当にこれでいいんだろうか？

「ん？　何か言ったか？」

前を歩いていた佐藤全（さとうあきら）がふりかえった。経営指針を創る会を、一緒に受講している仲間だ。年が近いこともあって、話しやすかった。

「俺だけ、何も変わってない気がするんだけど……」

佐藤は、力強い目で通洋をじっと見て、立ち止まった。

「やっと気付いたか、河野さん。……まあそこに座れ」

ロビーの椅子を指さした。

「なんだ？」

「いいから……。話を聞く覚悟はあるか？」

「あ、ああ、なんでも話してくれ」

「河野さんやっと聞く耳持ったようだから、じゃあ、まあ覚悟しろ」

通洋が椅子に座った瞬間、

「おめえんとこの社員は、ほんっとにかわいそうだな」

きつい言葉が降ってきた。ぎょっとして佐藤を見上げたが、

「人間は機械やロボットじゃねえんだ。どこの本で読んできたんだかしらねえけどよ、てめえのつくった経営理念は、ぜーんぶ道具だ。なんのために仕事すんのか、目的がひとっつも書いてねえ」

佐藤は、通洋をまっすぐに見ながら、息つく間もなく続けた。

「『会社の最大の目的は利益を追求すること』だと？　ふざけんじゃねえよ。銀行に評価されたことが、そんなに偉いのか？　人間の価値、っていうのはそういうもんなのか？　なんのために、会社を経営してきたんだ」

「……いや、社員の給料払うために経営してきたんだ、何が悪い」

「オレがお前の会社の社員だったら、とっくのとうに辞めてる。そんなに金儲けしたかったらなあ、てめえひとりでやれ！」

佐藤は一時間半、しゃべり続けた。あまりの勢いに逃げだすこともできず、ひたすら聞き続

けるしかなかった。

自分の夢をあきらめて、父親の中古バス整備会社を継ぐために帰ってきた佐藤は、「どうせやるなら、東日本一の会社にしてやる」と新しい夢を持ち、必死で「何のために経営するのか」「社員と正面から向き合って人生を語り合っているか」考え、苦しみながらも、何かがつかめた気がしていた。

そばで見ていて、自分で何も気付こうとしない、学ぼうとしない通洋が歯がゆく、心配で仕方なかった。

「みんな、気付いてたのか……」

通洋は、愕然と頭を抱えた。

本当は、どこかで気付いていた。社員と信頼関係が築けていないことがわかっていたから、誰にも相談しないで、だましだまし、やってきた。腹を割ってぶつけることが怖かった。佐藤だけじゃない。メンバーは、みんなわかっていたのだ……。

自分が正しいと信じてやってきたことは間違いだった……。これまでの自分の行動や言動は、どれだけ人を傷つけてきたんだろう……。佐藤が去った後、ひとり残された通洋は、しばらく椅子から立ち上がれなかった。

でも、どうしようもない。自分が社員たちに言ってしまった数々のひどい言葉は、二度と戻すことはできない。そして失った信頼も、戻らない……。

「経営指針を創る会」の卒業式を翌朝に控えた夜。

「苦労したけど、本当にいいものがつくれた」

「やり遂げた……」

「バンザーイ」

受講生たちは、ホテルの宴会場でお酒を飲んで、祝いあっている。ざわめきと笑い声。

通洋はひとり、ホテルの部屋にいた。

会社の金を使って、六ヶ月間も受講して、何ひとつ変われなかった。なんだ、この体たらくは……。

佐藤の言う通りだ。自分の傲慢さ、不甲斐なさが情けなくて恥ずかしくて、いたたまれなかった。涙が後から後からこぼれた。

「コンコン」

ドアがノックされた。

誰とも話したくなかった。聞こえないふりをしていたが、

「コンコン、コンコン」

何度も鳴るので、手で涙を拭い、仕方なくドアを開けると、佐藤が立っていた。

「河野さん、あんた何やってんの」

「いや、ちょっと、考えごとを……」

あわてて涙を拭うと、佐藤は部屋に入ってきた。何も言わずに椅子に座っている。

察しのいいやつだ。ごまかしても仕方ない。こいつは、全部お見通しだ……。

「佐藤さん、俺は本当に恥ずかしい。この前言われた通りだよ。俺のようなやつは、中小企業家同友会にいる資格はない。同友会を辞めようと思う」

この間、ずっと考えていたことを打ち明けた。

「河野さん……。あんたも経営者のはしくれだろう？」

優しい声だった。佐藤は続けた。

「なんですぐに、あきらめるんだ。卒業式は明日の朝だ。まだ時間がある。経営者だったら、最後まで白旗あげちゃいけない。一緒に考えよう。俺も付き合うよ」

ふたりは一晩中、八木澤商店の経営指針を考えた。佐藤も、一睡もせずに考えてくれた。

そうはいっても、一夜漬けでできるような簡単なものではない。結局、経営指針はできなかった。

「自分は、最初から学ぶ気がなくて受講していました。そういう態度だったから、何も学べなかった。いい経営指針もつくることができませんでした。申し訳ないと思っています」

翌朝、通洋はみんなの前で謝った。中小企業家同友会を退会することは思いとどまった。それは、通洋のために親身に力をつくしてくれた、佐藤との関わりのおかげだった。

「はじめて会った頃のあなたは、いっつも、俺には何の取り得もいいとこもないけど、俺の自慢は友達だけだ。いい仲間がたくさんいるんだ、って繰り返していたよ」

千秋が時々、言ってくれる言葉だ。

突き進み、道を間違えることもある通洋だが、最大の財産は、やはり仲間だった。

投げつけられた冷たい言葉

自分のやりかたが間違っていたことに気付いた通洋だが、本当に苦しくなったのは、「経営指針を創る会」が終わってからだ。

会社に戻り、社員たちに、

「経営理念を一緒につくりましょう」

と呼びかけた。

「これからの会社は、信頼関係を持って、社員と経営者が手を取り合って、いい会社にしていかなきゃいけない」

「今さら、なんだ」

「今まで言ってたことと逆だろ」

失ってしまった信頼関係は、すぐには取り戻せない。覚悟はしていた。

（でも、自分は大切なことに気付いて心を入れ替えたのに……、なんでわかってもらえないんだろう）

ムッとした表情で黙ったままの通洋に、

「ふざけんなよ」

「話、ちがうべ」

投げられる言葉は冷たかった。

予想していた以上に、厳しい反応だった。自分が壊した信頼関係は、二度と取り戻せないのだろうか。でも、今ここであきらめたら、会社が潰れてしまうかもしれない……。

社内に険悪なムードが立ちこめる中、醤油やポン酢が発酵してフタが飛んだり、味がおかしいというクレームが次々に発生していた。

ビンの消毒、工場の清掃、思いつくかぎりの対策をとったが、なかなかおさまらない。取引先から品質管理の指導を受けたが、どんなに調べても、原因がわからなかった。

気付くのが遅すぎたが、会社は、人のつながりでできているのだ。皆の心がバラバラになって、この仕事なんかどうでもいい、と誰もが思い始めるようになったら、あちこちでミスが起こり、品質が落ち、取引先の信用を失い……と悪い連鎖が起こる。

今起きている事故は、まさにそれを表しているのではないか。品質不良の事故は、会社を潰すこともありえるのだ。

とにかくこのままではいけない。話し合うしかない。

毎週土曜日、集まってグループ討論をする時間をつくった。なんのためにこの会社があり、何を目指して働くのかを示す「経営理念」を、皆でつくりたかった。本当は、「経営指針を創る会」を受講している時にやらねばならなかったことだ。

通洋の思いと裏腹に、部屋はシラけた空気が漂っている。

「こんな話し合いやってる時間があったら、何本商品がつくれる？　この前まであんたが言ってきたことと違うだろ」

「〝生産性を上げれば、いくら給料あげてやる〟、ってニンジンぶらさげろ。オレは競走馬のように走るから。お前は今までそうやって来ただろう」

「経営理念なんか、どうでもいい。こんなことやって、俺たちの給料、なんぼ上がんだ」

きつい言葉が次々に投げつけられた。返す言葉もない。今まで自分がやってきたことの報いだ……。つらかった。

眠れない夜が続く。

三年間のトイレ掃除

　なぜ、自分はこんなに会社やみんなのことを考えているのに、わかってもらえないのか。寝不足の頭を抱えながら、朝食の味噌汁をぼんやりとすする。

「あんたが全部悪い」

「？」

　目を上げると、千秋が箸を置き、まっすぐにこちらを見ていた。まわりを子どもたちがにぎやかに走り回っているが、真剣な表情に、有無を言わせぬ迫力があった。

「あんたが全部悪い。会社のみんなは、会社を良くしようと必死で考えてるのに。あんただけ、人の話を聞く姿勢になってない」

　驚いて見つめる通洋に、千秋は、諭すように続けた。

「何があっても、まず自分が悪かった、ってとこに立たなきゃ、なんにも始まらない」

　通洋は、茫然と見返した。

（妻までわかってくれないのか……。唯一の味方だと思ってたのに……）

　うなだれて車に乗り込み、会社の駐車場に着くと同時に携帯電話が鳴った。千秋からだった。

「ごめんね」

　電話の向こうで、千秋は泣いていた。

「でも、言わないでいられなかったの。今言わなかったら、ほんとにダメになると思ったから」

千秋は、八木澤商店の社員ではない。しかし、社員の何人かが、たびたび彼女を呼び出して相談していたのだった。幼い長女を抱いて、夜の海で話を聞いたこともある。

社員たちは、どうしたら会社を良くできるか、皆真剣だった。

「あんたの旦那のせいで、みんな、困ってるんだ」

千秋は、社員の思いを聞く一方で、通洋が毎晩眠れないほど苦しんでいることも、傍で見てよくわかっていた。千秋の言葉は、通洋の胸の深いところに響いた。

千秋も、佐藤全も、言葉は痛烈だが、その中に愛情があり、通洋のためを思ってくれているのがよくわかった。

（俺には、これができなかったんだ。捨て身で社員と関わってこなかった。自分の保身を考えずに相手と向き合う、人間的な温かさが欠けていたんだ。……保身のない言葉は、人を動かすんだな……）

通洋は、社員ひとりひとりと向き合うために、個人面談をすることにした。

それでも、なかなか心を開いてもらえない。

「全然、本音を話してもらえないんだよなあ」

ぼやく通洋に、千秋はスパッと言った。

「あんたは、心を開いてなんでも話してごらん、って相手を丸裸にして、でも自分だけはよろいを着て、さらにその上に槍を突き立てて、『さあ安心してこっちへおいで』って手を差しのべてる。そんなとこに飛び込んでったら、血まみれになって死んじゃう、って誰だってわかるわよ！

あんたは人の話聞くのヘタなんだから、まず〝聞くフリ〟だけでもしなさい」

（なんとまあ達者なたとえだなあ……）

舌を巻きつつ、うなずく通洋であった。

上向いていた会社の業績は落ちた。しかし、通洋は話し合いを続けた。

自分の脳みそは変えられないが、とにかく、傲慢な態度は変えていこう、と思った。

それでも、やはり信頼関係はすぐに築けるものではない。眠れない夜は、それからも続いた。

「河野さん、そういう時は、トイレ掃除してごらん。とにかく、わかるから」

アドバイスしたのは、佐藤全だ。

「なんか、それって社員に〝ええかっこしい〟に見られないか？」

「いいんだ、そんなの気にしないで。みんなが出社する前に会社に行って、やるんだ。きっと、わかるから」

半信半疑だったが、やってみることにした。眠れない夜が明ける。そして会社に行って、トイレの便器や床を磨く……。

不思議なことに、トイレを磨いていると心がすうっと軽くなった。なぜなのかわからない。通洋は、とにかく毎朝、それを続けた。

通洋のトイレ掃除は、社員に、

「私たちが持ち回りでやるから、もうやめてください」

と言われるまで、三年間毎朝、続いた。

生涯の恩師・若松との出会い

通洋を大きく変えるきっかけをくれた中小企業家同友会には、もうひとつ、大きな出会いがあった。

事務局長の若松友廣だ。

「経営者が方向を間違えると、働く社員たちは道に迷います。生活が壊れることもある。だから、皆さんは、〝切れば血が出る学び〟をしているんです」

普段は穏やかで柔和な若松だが、怒ると顔が真っ赤になるので、そんな時、ひそかに、

「あっ、赤松になった」

と皆がささやきあう。怒り、時には涙を流しながら、いつでも真剣に相手に向かいあう。最初にその様子をみた時、

「なんなんだ、この人は……クレイジーだな」

と思った。しかし、彼は、知れば知るほど、人間的な魅力にあふれた人物だった。

「二百年以上続いている企業の数は、日本が世界一多いんだ。昔から、地域の旦那衆があれこれ地域のことを考えて、企業を継続させてきた。

強いものだけが生き残る世の中をつくるより、みんなが安心して暮らせる世の中をつくるほうがよっぽど難しい。青臭いといわれてもいい。それができるのが日本の中小企業だ。

地域には、歴史や文化、たくさんの宝物がある。ここからたくさんのものを学ぼう。一緒にこの運動をやらないか？」

通洋は、若松のこの言葉に、心をわしづかみにされた。

若松からもっといろんなことを学びたい、この人のことを知りたい、と思った。

佐藤全とふたりで若松の家に泊まりに行き、夜が明けるまで話した。奥さんが手料理をつくり、温かくもてなしてくれた。

「煮詰まると、仙台まで車飛ばして、若松さんに会いに行きました。若松さんは、朝七時には中小企業家同友会の事務所に来てるから、早朝こっちを出るんです。

若松さんは、俺の泣き言を黙ってじーっと聞いて、ひとこと『河野さん、あんた、なんにも

わかってないねえ』って言うんです。それだけ聞いて帰ってくる。で、また悩むと会いに行って、話聞いてもらって、『河野さん、やっぱりわかってないねえ。本質が、全然わかってない』って言われて、帰ってくるんです。それで、心が落ち着きました」

社員との関係づくりに、若松も協力してくれた。

中小企業家同友会に参加してからの通洋の変わりように、社員たちは、

「中小企業家同友会って、一体どんなとこなんだ？」

「怪しい宗教団体じゃねえのか？」

不審がる社員も少なくなかった。

「一度若松さんに会って、話を聞いてもらえばわかる」

通洋の求めに若松は快(こころよ)く応じ、勉強会に講師として来てくれた。

次々投げられる、時として突っかかるような社員からの質問にも、ひとつひとつ、熱を込めながら淡々と答えていった。

そして、

「ホラ、お宅の専務みたいに、方向を間違える経営者がいると、皆さんが迷惑するでしょう？私たち中小企業家同友会は、経営者が間違えないよう、たたき直すためにあるんです。私はみなさんの仲間です」

社員たちは、やんやの大喝采。通洋は苦笑いするしかなかった。

「みなさんのふるさと、岩手県には、偉大な詩人がいます」

岩手県出身の宮沢賢治（みやざわけんじ）の詩の朗読もした。詩の中の一節、

「世界がぜんたい幸福にならないうちは、個人の幸福はありえない」

この言葉をはじめとして、その後の通洋がずっと心の支えとして持っていくことになる言葉を、若松はいくつも教えてくれた。これをきっかけに、

「自分も、中小企業家同友会に参加したい」

と加わる社員が出てきた。勉強会を重ねる中で、だんだん、会社の方向性や仕事の話を進んで話し合う空気が生まれた。

通洋は、会社を良くしていくには透明性も必要だろう、と考え、会社の経理を公開した。すると、どう仕事を進めていくか、事業計画を社員が一緒に考えてくれるようになった。

経営理念も完成した。

「いい経営理念だ。これは八木澤だけじゃなく、地域にとっての理念になる。しまい込んどかないで、しっかり掲げておけ」

通洋の遠縁にあたる男性が筆で板に書いてくれたので、本社と工場に飾ることにした。

通洋はとても嬉しかったが、同時にこう思った。

経営理念はとても大切だけど、それだけでは人の心は動かない。

一緒に飯を食ったり、泣いたり、笑ったり、ケンカしたり。でもこいつのためならなんとかしてやろう、と思い合えること。人間同士の関わりが、何よりも大切なんだ……。小さな小さな積み重ねの中で、社員との関係は良くなっていった。

通洋はその後、若松のもとでともに学んだ、印刷会社を経営する熊谷千洋や、酔仙酒造常務の村上芳郎、小学校の後輩である橋詰真司ら、地域の経営者とともに、岩手県中小企業家同友会の「気仙支部」を立ち上げた。

通洋たちを駆り立てたのは、閉店が続く商店街や、過疎化、高齢化が進んでいく陸前高田の未来をなんとかしたい、という思いからだった。

気仙支部では、持続性の高い自立した地域経済や、社会的課題を解決する企業活動のあり方について勉強を重ねた。この気仙支部の強い結びつきが、のちに津波で壊滅した陸前高田を牽引する大きな力のひとつになる。

若松は、そんな通洋を、優しく見守り続けた。

若松は、二〇〇九年秋、登山をしていて遭難し、帰らぬ人となった。六四歳だった。

「『なんにもわかってないねえ』って……、もう一回、言われてえなあ……」

通洋の言葉に、思慕が滲む。

「本当に、素敵な人。中小企業を、骨の髄まで愛した人でした。きっと、河野社長の中には、今でも『若松さん』が強く生きていると思います」

とは、阿部史恵の弁だ。

通洋は、津波ですべてを流された後、宮城県仙台市にひとりで暮らしている若松の妻に、あるお願いをした。若松の自宅は、津波の被害を免れていた。

「若松さんが書き残した言葉が、自分の支えでした。しかし津波で全部流されてしまいました。

自分は、弱い人間だから、また道を間違ったり、ブレたり、迷ったりするかもしれない。その時に、若松さんの言葉を支えにしたいのです。コピー一枚でもいい、若松さんが書いた言葉を送ってもらえませんか？　そうしたら、頑張れると思うのです」

若松の妻は、すぐに箱いっぱいに詰まった、たくさんのメモを送ってくれた。

〝名もなく、つつましく、心豊かに〟

〝権力にこだわるな。指導者として成功したいのならば、自ら進んで権力を放棄せよ。指導者の成功とは、自分がリーダーとして必要なくなる時である。国づくりは民がするべきだ〟（前ブータン国王の言葉より）

若松は、この言葉を「経営者が経営するのではなく、そこで働くひとりひとりが自分たちで考えるようになることが成功だ」と説いた。

これらの言葉が、今日（こんにち）の通洋の行動の基礎となり、支えとなっている。

若松は、こんな言葉も遺した。

「他人の表現の中に、自分の思いや考えが影響を与えること。自分は表面には現れないし、名前も残らないが、間違いなく誰かに影響を与えている、といった生き方ができれば、それが最高の喜びだ」

若松の夢は、通洋や、彼が向かい合い、愛し、関わったたくさんの人たちの中で生き続け、叶えられているのかもしれない。

（付記）八木澤商店の経営理念を板に筆書きした河野源一（こうのげんいち）氏（七九）、岩手県中小企業家同友会気仙支部立ち上げに関わった酔仙酒造　村上芳郎氏（四九）は二〇一一年三月十一日　東日本大震災による津波の犠牲となった。

津波に襲われた
岩手県水産技術センター加工棟（上）
と奇跡のもろみ（下）

第6章 失われた伝統の味

もろみの命

二〇一一年四月。

通洋は、必ず再建すると心に決めていたが、かつての醤油づくりの再開は、夢のまた夢だった。なぜなら、「八木澤商店の味」をつくるために欠かせない、「蔵付き」と呼ばれる酵母や乳酸菌といった微生物が失われてしまったからだ。

蔵付きの微生物は、つくり蔵の土壁や梁(はり)、杉桶に代々棲み付き、もろみを熟成させて醤油の味をつくる。しかし、すべて津波が流し去った。

「河野社長、今、でっかい杉桶みつけたんですけど、これ八木澤商店さんのじゃありませんか? ちょっと画像見てください」

テレビ局のカメラマンが、通洋に携帯電話で撮った写真を見せにやってきた。電話は通じないので、携帯はカメラがわりだ。

震災後、陸前高田などの被災地に、テレビや新聞、雑誌記者など、たくさんのマスコミが取材に入っていた。

醤油屋にとって、杉桶やもろみは、命の次に大切な宝物だ、ということを聞いたあるカメラマンが、遺体捜索や救援物資の配達で忙しい通洋や社員たちのかわりに、流された杉桶を探してくれていたのだ。杉桶には、もしかしたらもろみが残っているかもしれない。

「おそらく、うちのに間違いないと思います」

「そうですか！　もろみが残ってるかもしれないですよね。そしたら、直接確認してもらえますか？　それで、その場面を撮影させてください」

「わかりました」

通洋と和義はすぐ、指示された場所に向かった。もし、もろみが見つかったら……、もろみの中に、蔵付きの微生物が生き残っている可能性がある。

杉桶は、仕込み蔵から二キロも離れた場所で、横倒しになっていた。直径二メートルの杉桶の中に入り、わずかにこびりついていたもろみを、スプーンでガリッ、ガリッと削り取り、紙袋に入れた。

「確かにうちの、あれなので……。まだ可能性に過ぎないですが、これを持って帰って培養して、いつか、醤油蔵を再建できた時に入れれば、昔からの八木澤商店の味が復活できるかもしれません。二百年の味を受け継ぐことは、次の二百年の足がかりになります。十年たって本当にいい町になったといわれるような町にするのが、われわれの使命です」

通洋は、カメラに向かって話した。津波にさらされ、乾燥してしまったわずかなもろみが本当に復活できるのか……。確証はなかったが、この発見は、通洋たちの希望の光になった。

四月一日の八木澤商店の社長就任式と、杉桶発見の様子は全国のテレビで放送され、大きな反響を呼んだ。

支援物資だけでなく、まだ封をあけていない生揚醤油が八木澤商店宛に次々送られてきた。全国のファンからだった。

震災直後、誰もが八木澤商店は廃業すると思ったので、生揚醤油は「幻の醤油」として、インターネットショップで定価の十倍以上の一万五千円という高値で取引されていた。

通洋は、届いた生揚醤油の瓶を前に、熱いものがこみあげた。

「この味を忘れるな」

どんな言葉よりも温かい、励ましのメッセージを感じた。

(高値がつくから売って儲けようとは考えないで、送ってくれたんだ)

同じ番組を、目を赤くしながら見ていたひとりの男がいた。

岩手県釜石市の水産技術センターに勤める及川和志（三六）だ。

及川は、震災前から八木澤商店の醤油の分析や研究に関わっていた。

和義や通洋が、どんな思いで仕込み蔵や杉桶、もろみを大切にしてきたか、痛いほど知っていた。

杉桶にこびりついていたもろみ……津波を受け、海水や、さまざまなものにさらされたわずかなもろみは、どんなに丁寧に培養しても、おそらく使い物にならないだろう、と専門家である及川は思った。

本人たちに、それがわからないはずはない。それでも、そのわずかなもろみに希望をつながずにはいられないことも、よくわかっていた。

及川が釜石市の岩手県水産技術センターに着任したのは、東日本大震災が起こる一年前だ。それまでは、盛岡の岩手県工業技術センターで六年間働いていた。

水産技術センターに移る前の二年間は主に醸造部門に携わり、岩手県内で生産される醤油が日本農林規格（JAS法）に適合しているか、毎月利き味をして風味をテストしたり、醤油蔵をまわって研究したりしていた。

そんな事情から、岩手県内でつくられた醤油であれば、利き味をすればだいたい、どこのものかわかった。及川はいう。

「八木澤さんのはすごい個性のある醤油なんです。香りとしては、なんて言ったらいいかな……、大手の醤油とは違います。個性ですよね。木の香りが少しあったり、あるいは豆の香り、麹の香りっていうのが時には強く出ていたり。季節で変わるわけです」

大手の醤油メーカーでは、一定の製品の設計に合わせ、常に一定の幅の中におさまるように均一の商品をつくる。

「もし、われわれが大手メーカーがつくるような均質な醤油をパーフェクトと考え、それを目指すべき、と考えていたら、決していいとは言わなかったかもしれません。

八木澤さんや他のところでも、こだわりを持った醤油屋さんは、自分たちで制御できない部分をむしろ逆手にとって、自然にお任せしよう、蔵の神様にお任せしよう、とものづくりをされます。八木澤さんは、伝統と社長の個性をバランスさせてものづくりをされていた。それが商品にも出ていました。

僕は地方の小さい会社の社長さんのこだわりって好きなんですよね。やっぱり、人なんだと思うんです。伝統を守っていくというのは、時に頑固でなければならないですし。

醸造業界には、まだまだ十分そういう食品を認める余地ってあるんですよね。そしてそれが付加価値になり、売りにもなる」

及川は、歴史も含めて八木澤商店の魅力をよく理解していた。

「八木澤さんは、ご先祖さまが、ある時、欲を出して海運業に手を出して大損された話をしてくださいました。だから、自分は浮かれた話はしないんだと。それだけ会社に誇りがあったんだと思うんですよね。

それをたった一回の津波で全部流されちゃう。二百年三百年の伝統って一日じゃつくれないですよね。それを目の前で流しちゃって……。だから、その時の会長さんの気持ちはすごいもんがあるんだと思うんですよ」

しかし、テレビの中の通洋は悲しい顔を見せず、救援物資を配達し、人のために働いている。さらに新入社員まで入れて、立ち上がろうとしている。及川は、テレビを見ながら、涙が出て仕方がなかった。

自分に、何かできることはないだろうか。

（そういえば……、いや、それは絶対無理だろう）

及川は、胸に浮かんだ考えを打ち消した。

及川は、工業技術センターから水産技術センターに異動した後も、もろみの微生物を研究して、何かに役立てられないかと考え、八木澤商店のもろみを分けてもらったことがある。震災のわずか一ヶ月前のことだ。

八木澤商店のもろみは、味や香りに特徴があった。一般的な醤油のもろみを分析すると、アミノ酸の中でもグルタミン酸、つまり「旨味成分」だけが突出するのだが、「生揚醤油」のもろみは、優良なアミノ酸の種類が多く、組成が特徴的だった。

これらのアミノ酸に健康に役立つ成分が含まれているのではないか。すぐそばにある北里大学の研究所と共同研究したい、と考えた。

しかし、果たして肝心のもろみを分けてもらえるだろうか。

及川は、工業技術センターを離れて以来、醤油蔵と一緒にやってきた仕事を、途中で放り投げてしまったような申し訳なさを持ち続けていた。自分の話を、聞いてもらえるだろうか……。

もろみは醤油屋の宝だ。簡単に譲ってもらえるものではない。話を聞いてもらえたらラッキーだと考えよう。緊張しながら出かけていった。

及川の緊張をよそに、通洋は快く、

「もろみを分析することも、大切だと思います。何か未来につながる可能性があるのは面白いですよね。お分けしますよ」

と言った。

和義も、

「うちのもろみを研究して、何か培養してサプリメントをつくるとか、儲けようとか、そういうことには使ってほしくない。ずっと、そういう商売はしてきてないから」

と釘を刺しつつも、四キロのもろみを預けてくれた。

オレンジ色のやわらかい光に照らされたつくり蔵に入り、木張りの床に跪いた。三十石の杉桶は、一つが直径約二メートル、高さ約二メートルだ。作業しやすいように、杉桶の上部に板を張ってあり、そこを歩いて作業するようになっているため、木の床にいくつも穴があいているように見える。

ポリ袋にもろみをすくい入れると、芳香が立ち上った。

及川は、和義と通洋の心意気に感激した。

「もろみって、その時の会社の蔵のつくりかたであるとか、蔵人の作業であるとか、あるいはその蔵人自身であるとか、置かれた環境、それが全部、組み合わさってできてるものだと思います。その会社にとっての柱、魂みたいなもんじゃないですか。

それを分けてくださるっていう気持ちは、大きいものがありますよね。それに応えなきゃ、っていうのは、僕じゃなくても思うことじゃないかな」

それからずっと、震災の前も、後も、八木澤商店のもろみは、及川の心の支えだった。

（あのもろみをお返しすることができたら）

しかし、あのもろみは、残念ながら津波で流されてしまった。

岩手県水産技術センターは、海の目の前に建っており、津波の被害を受けた。建物の屋上に逃げた職員たちは無事だったが、センターは二階まで浸水した。

及川がもろみを保管していたのは、「加工棟」と呼ばれる、一階建ての別棟の建物で、そこにも津波が押し寄せ、突き抜けるのを目の前で見た。

もろみは生き物だ。温度が高いと発酵が進んでしまい、冷えすぎると死んでしまう。預かったもろみは、ほどよい温度を保つために、インキュベーター（恒温器）に保管していた。インキュベーターは一階建ての加工棟の床に置いてあった。無事ということはありえない。

及川たち水産技術センターの職員は、被災した直後から、岩手県職員として、釜石市で被災した人々の支援が急務になった。まだ、加工棟はもちろんのこと、センターの復旧にさえ、手がつけられていない。

職員たちは、支援物資の運搬や交通整理、避難所の配給の手伝いや遺体安置所の運営に追われた。

釜石市の市街地は、水産技術センターから山を越えた向こうにある。簡単には行き来できないので、市街地に仮事務所を設置し、皆、そこに集まって働いた。

そんな事情から、三月中は、ほとんど水産技術センターに様子を見に行くことさえできなかった。

及川は、遺体安置所で、運ばれてきた遺体を受け取って並べたり、確認に来た遺族の立ち会いをしたりした。

遺体は、身元確認のため、すぐには火葬できない。三月も半ばになってくると沿岸部は気温が上がって腐敗してくるため、気温の低い内陸部に運ぶ作業も必要になった。

「いろんな仕事を皆で分担してましたから、毎日遺体安置所だったわけじゃありません。でも、自分が、ご遺族の立場だったらどうだったろう、と置き換えてやってるわけですから……」

家族を目の前で流された、という人。遺体の前で泣き崩れている人。

及川にも家族がいる。妻と幼い三人の子どもたちは無事だったが、遺族に心を重ねずにはいられなかった。

「自分よりずっとつらい、すごい体験をした人がたくさんいる。自分なんか、つらいなんて思っちゃいけない、って思ってました。……でも実際つらいんですよね。程度の差はあるけど、やっぱりどこかみんな、心に傷があるんだと思います」

八木澤商店の社長就任式をテレビで見たのは、その頃だった。

すぐにでも行って手伝いたいと思ったが、とても行ける状況ではない。

「あのもろみをお返しすることができたら……」

もろみのことが、何度も頭をよぎった。

加工棟は天井まで浸水し、窓を突き破ってたくさんの機材が流れ出た。中は倒れた資材でメチャクチャになっており、ドアがふさがれて、入ることさえできない状態だ。あの状態で無事なものは何ひとつないはずだ。

「加工棟は全部ダメだ」

誰もがそう言った。

（でも、本当にダメだったか、見て確かめたわけじゃない。それでいいのか？）

テレビで通洋が話した言葉のひとつひとつに熱があり、画面を通しても、伝わってくるものがあった。

（自分はまだ、何もしてないじゃないか……）

ふと思いついたのは、水産技術センターのそばにある、北里大学の研究所だ。共同研究のために、試験管一本分ほどもろみを分けていた。加工棟のもろみはダメでも、北里のほうに残っているかもしれない。

四月六日、確認してもらうと、北里大学の研究所も津波をかぶっていたが、試験管のものが残っていることがわかった。わずか五十グラムだったが、何か役に立つかもしれない。

九日後の四月十五日、及川は加工棟の前に立った。

釜石市街の被災者支援の仕事は続いていたが、やっと少しずつ、水産技術センターの片付けに来る時間を取れるようになったのだ。

加工棟の周囲には、耐えがたい臭気が立ちこめていた。がれきに混ざって、水産技術センターのそばで養殖されていた大量のチョウザメの死体が転がって腐乱し、真っ黒に蠅(はえ)が群がっている。

おぞましさと悪臭に息を詰まらせながら、加工棟に入った。

中に入るのも一苦労だ。倒れた資材をどかし、少しずつ進んだ。

加工棟の中を仕切っていたパーテーションが倒れ、そこに機材が当たってひしゃげ、さまざまなものが乗っている。倒れたり、崩れたり、平衡感覚がおかしくなりそうな無秩序さで、被害の全容もつかめない状態だった。

「あー、やっぱり、なんにもないね」

手伝いを頼んだ非常勤職員と話しながら、それでも及川は懸命に、インキュベーターを置いていたあたりや、周辺の床を探した。

「やっぱダメだねー」

及川が、ふっと視線を上げると、宙に浮いた一メートル四方の白い箱が目に入った。

「え？」

インキュベーターだった。

床に置いてあったインキュベーターが、宙に浮いているとは思ってもみなかった。インキュベーターは、さまざまな機材に挟まれ、空中に跳ね上がったパーテーションの上に乗っていた。

「あった……、こんなとこにあったのか！」

インキュベーターは気密性があるため、おそらく、津波が来た時、水の中で一度浮き上がったのだろう。しかし、たまたま大きな機材に挟まれたので流出せず、水が引いた後、パーテーションの上に着地したものと思われた。

しかし、中がどうなっているか、あけてみなければわからない。

ガラスの扉をあけ、黄色いプラスチックのバケツを取り出した。バケツの中に、ビニールに入れたもろみを保管していたのだ。

中には、水も、蝿も侵入していない、きれいな状態のもろみがそのまま入っていた。

背筋を震えが走った。

がれき、腐臭、慟哭（どうこく）。悲惨な光景ばかり見てきた及川にとって、そのきれいさは、別の世界から来たもののように、心にしみた。

縛ってあったビニールの口をあけ、中のもろみを触り、香りを確かめた。

「いい匂いだ。八木澤さんの匂いする。これは、いける……！」

震える指で、通洋に電話をかけた。

「……社長、ありました……」

すぐには言葉にならなかった。

「もろみありました、みつかりました」

いつも明るく、歯切れよく話す通洋だが、

「……うわ、ほんとですかー？」

心なしか、声が潤んでいるように聞こえた。静かに、通洋の喜びが伝わってきた。

（少しは恩返しができただろうか）

及川の胸に、温かいものが広がる。

「八木澤さん、今それどころじゃないでしょうから、工場を再建できる日まで、工業技術センターで預からせていただきますね。大切に保管しておきます」

「本当に、ありがとうございます……」

本来、すぐにでもお返しするべきだろうが、八木澤商店は設備も何もなく、とてももろみの面倒をみられる状況ではないだろう。

及川は、前の職場である盛岡の工業技術センターに電話をかけた。

かつて一緒に岩手県内の醤油蔵をまわった上司や先輩は、もろみの保管を快諾してくれた。彼らは、醤油蔵の共同研究をした仲間で、八木澤商店の価値や、もろみの重要性をよくわかっていた。細かい説明をせずとも、すんなり及川の意図を汲み取ってくれた。

工業技術センターには、二〇一一年四月から八木澤商店に入社が決まっていた研修生、吉田知実（三四）がいた。吉田は、岩手県の計らいで研修期間を一年間延ばすことになった。延長した一年間の研究テーマは「奇跡のもろみの微生物を守り、育てること」。発見されたもろみは、いつからか「奇跡のもろみ」と呼ばれるようになっていた。

及川は、改めて、もろみが見つかった偶然に思いを馳せずにはいられなかった。

加工棟の外には、こんな大きいものまで流れ出たのか、と驚くようなものも転がっていた。インキュベーターのような小さいものなら、はるか遠くに運ばれていたかもしれない。機材に挟まれて流れ出なかったのは、運がよかったとしかいいようがなかった。

さらに、インキュベーターの正面の扉はガラス製だった。ものが当たって割れれば、中に海水が入ってかき混ぜられ、ひとたまりもなかったはずだ。

そして何より確かなのは、自分がテレビで通洋のメッセージを目にしなければ、決して探すこともなかった、ということだ。

加工棟の入口が塞がれて中に入れない状態だったことも、結果的に幸いした。

当時、このあたりの工場や社屋に、被災していない他県からやってきて中を荒らし、荷物を盗んでいく火事場泥棒が出ていたのである。

及川も、現場を目撃したことがある。

近所の加工工場にピカピカのトラックで乗り付け、知らない人たちが中を物色していた。決まって他県ナンバー、レンタカーだ。沿岸部で使うトラックは錆びているので、地元のものとひと目で違いがわかる。

彼らは工場の中をガサガサ、ガサガサと慌ただしく物色しながら、トラックに、次々に原料のアルコールタンクを積み込んでいる。

「なにしてるんだ?」

及川が近寄って声をかけると、

「いや、ちょっと」

瞬時にさーっと逃げていく。そんなことが頻発していた。

「そういう人もいるんだなあと。人間のエゴが垣間見えるというかね。悲しいですよね。少し落ち着いてくると、みんな気持ちのひずみも出てきます。自分勝手な人も出てくるし。それを許してやれる度量があればいいんですが、自分の中で、いろんなことに余裕がなくなっていた時期でした。

その中で『見つかってよかったよ』っていう報告ができる。やっぱり頑張ろうっていう気持ちになる、そういう出来事でした。

伝統を引き継いでいくうえでやっぱり必要なのは、おおもとになるものです。それが微生物であると。そういう要素がひとつでも多ければ、会社のコアな部分、柱の部分に近いものになっていくわけですし、再現する努力もできます。そういう意味では、もろみって絶対重要なものなんだろうと、私たちも思っていました。

だから見つけた瞬間はもう……、嬉しいですよね。周りはほんとに悲惨で、汚いものばっかりですもん。別のものとして映りますよね。そういうのに携わってきた立場からいっても嬉しいですし、必ずお返ししなければいけないと」

そして及川は、こう言った。

「『種をまく仕事』、じゃないですか。一回更地になってしまったところに、種を植え直す。どんなお手伝いよりも、そのひとつのきっかけになるお手伝いができた、そういう喜びでした」

ラベル貼りからの再スタート

「いってらっしゃい、気をつけて！」

拍手の中、商品を積んだトラックが出発していく。

季節は五月になっていた。通洋たちは陸前高田の隣町、一関市大東町摺沢に営業所をつくり、仕事を始めていた。

営業所をつくるまでも、簡単ではなかった。

四月一日の入社式の後、四月七日にオープンする予定で一関市大東町の古い建物を借りる約束をしていたが、オープン前日に震度六の余震に襲われ、崩れてしまったのだ。

「うわー、屋根が落ちて空が見える。空、青いねえ……」

少々のことでは驚かなくなったとはいえ、通洋が唖然としてプレハブから空を見上げていると、そばにいた一関市の商工会議所の職員が、

「大丈夫、いいところがある。すぐ紹介しますよ」

そこから車で十五分ほど行ったところの、今は使われていない縫製工場を紹介してくれた。電気工事が必要だったので、工事が終わった五月二日にやっとオープンすることができた。

救援物資の配達も一段落し、まずは、OEM（製造委託販売）という形で、八木澤商店を再スタートすることにした。

OEMとは、商品の中身の製造をどこかほかのメーカーにお願いして、自分たちは瓶詰め、ラベル貼りなどの作業だけを行い、それを自社商品として販売する、というものだ。

八木澤商店では、醤油のほか、人気の高かったポン酢やつゆ、たれをつくっていた。ポン酢やつゆ、たれは、〝どんな材料をどんな割合で入れ、どんなつくり方でつくるか〟、ということ

が味の秘訣だ。

通常は、決してほかの会社には教えないものだが、そのレシピをすべて見せ、

「この材料を使って、この割合でつくってください」

とお願いした。

同業者は、本来は商売敵だ。しかし、八木澤商店と同じように、国産の大豆などこだわった原材料を使い、伝統的なつくり方で時間をかけて熟成させる、昔ながらの醤油屋が、何軒も協力してくれた。

当然、お願いする相手には、材料費や、つくってもらう手間賃などを払わなければならない。ところが、

「いや、いいんです。うちはお醤油、余ってるから。余ってるから持っててもしょうがないから、……最初のお金は請求しません」

（余ってる、なんて、本当はそんなはずないのに……ありがたいことだ）

通洋は、胸の中でつぶやく。

福井県の河原酢造は、ポン酢の原料に使う酢を無償提供してくれた。有機栽培の原料を使い、静置発酵という昔ながらの製法で、時間をかけて丁寧につくられた酢だ。

「私も、ゼロから蔵を建て直す経験をしたことがあります。醸造業としてどれだけ苦しいことかがわかるから、八木澤商店さんが本当に復活する日まで無償で、どうか黙って受け取ってく

ださい」

河原酢造は、震災後いち早くボランティアチームをつくり、現地に入ってくれていた。決して大きくはない、従業員七名の会社だ。

こうしたたくさんのメーカーの支援で、通洋たちは、瓶詰めにした醤油やポン酢、つゆ、たれのラベル貼りの仕事ができるようになった。

「嬉しいなあ……」

みんなで、並んで手を動かす。ラベル貼りが、物をつくって働くことが、こんなに嬉しいとは。

手を動かし、笑いながら、涙がこぼれた。嬉しくて、嬉しくて、涙が出るのだ。

「それにしても、いいラベルだよな」

ラベルには、

「ゆっくりね　のんびりと」

「君がいないと困る」

味のある、美しい筆文字が書かれている。

変わった商品名だが、この商品名の誕生にはわけがある。

これは、もともとは八木澤商店に送られてきた励ましのメッセージだった。

「ゆっくりね　のんびりと」の由来

実は、及川がもろみを探しあてるきっかけとなったテレビ放送で、もうひとり、突き動かされた人がいた。

笠島廣之（六〇）は、福井県の自宅で、八木澤商店の入社式の映像を見ていた。

「なんて、すごい人たちなんだ……」

すべてをなくしたのに、前を向いている。尊敬の思いと感動が湧きあがってきた。

笠島は、笠廣舟という名前で創作活動をしている書道家だ。

「少しでも、自分にできることをしたい。この人たちを、元気づけたい」

たった今、テレビで見た八木澤商店の人々とは一度も会ったことがないのに、不思議とたくさんの言葉が胸の中に浮かんできた。

すぐに和紙を取り出し、墨と筆を用意して、浮かんでくる言葉を次々に書いていった。

「君がいないと困る」

「ゆっくりね　のんびりと」

「あなたのいる　わたしの暮らし」

笠島から送られてきた、優しくあたたかい応援メッセージは、八木澤商店の社員の心にしみこんだ。

「これ、商品のラベルに使えないかな？」

思いついたのは、津波の一部始終を撮影した阿部史恵だ。

「ああ、いいですよ、使っていただけるなら、ぜひ、自由に使ってください」

電話のむこうの笠島は、快諾してくれた。

「あの……、ラベルに使うとなると、ふつうは笠先生にお金を払わないといけませんよね。今は払える状態ではないんですけど、いつか、本当に再建できたらお支払いする、という形でも大丈夫でしょうか……」

「あはは、お金なんて最初からもらうつもりありませんよ。でも、いつか本当に再建できたら支払う、という気構えでいてください」

商品の名前らしくない、買う人にとってわかりにくいのではないか……、社内でさまざまな意見が出たが、通洋は阿部史恵の感性を信じ、任せることにした。

ラベルの評判は良かった。マスコミの後押しや口コミで注文が殺到し、欠品が出るほどだった。

「あなたのいる　わたしの暮らし」

は、結婚式の引き出物に、

「ゆっくりね　のんびりと」

はお見舞いに、と、思いがけないところで人気も出た。

ラベルの使用料を取らないばかりか、笠島は定期的に自分で何本も商品を注文した。

「先生からお金なんて受け取れませんよ、せめて商品は無料にさせてください」

「いいんです。私の作品がラベルになったのが嬉しくて、友人に配りたいだけですから」


和義は、思った。

何年か前に、ある大金持ちのIT会社の社長が、

「世の中金さえあれば、何でもできる」

と言ったけど、あれはウソだ。震災が起きてから今まで、どんなお金持ちでも、ほしいものを手に入れることはできなかった。人の善意やつながりでだけ、ものが動いていた。何もなくなった時、本当の財産が見えてくるものだ。

通洋も、同じことを思っていた。

もろみは残った。しかし、工場、つくり蔵、杉桶……醤油屋にとって命ともいえる製造設備すべてがなくなった。財産すべてなくなったのに、それでも八木澤商店はここにある。

建物がなくても、人さえいれば仕事はできる。ほんとうの財産は「人」だった。

もろみの味をコントロールしてくれていた杉桶、微生物が棲む、つくり蔵……「あぐらをかけるもの」がなくなっただけだ。この先は、これから仲間たちと一緒につくっていけばいい。

つらい時にも笑いあって、「便所の百ワット」の明るさでともに歩いてくれる、この仲間と。

海の中の家

もろみが見つかった一ヶ月ほど後のことだ。

通洋は、千秋と一緒に、自宅から七〜八キロ離れた海辺を歩いていた。千秋は東京の実家に子どもたちを預け、住田高校の再開にあわせて、陸前高田に戻ってきたところだった。

「ちょっとちょっと！」

不意に千秋が大きな声を出した。

「ちょっとあれ！　あの屋根！」

千秋は海の中を指している。

「あれ、……ウチじゃない？」

まさかそんなはずはないだろう、と半信半疑で目を向けると、二階部分が海から出ている家に見覚えがある。目をこらすと、確かに、なつかしい我が家だった。

広田湾まで流れ出た後、小さな岬をぐるりと回らなければ漂着しない場所だ。いったいどうやってこんなところまで運ばれてきたのだろう。こんなに遠くまで、壊れずに運ばれてきたのは、ある意味奇跡的だった。

「ジュン、さすがいい仕事してくれたなあ、あんな海の中でもキッチリ建ってたぞ！」

通洋は、中小企業家同友会の仲間、長谷川順一の肩をばんばん叩きながら報告した。この家を建てたのは、彼が経営する、地元の長谷川建設だった。

話を聞いてやってきた仲間が言う。

「通洋、カヌーでも出して、使えるもん取りにいくか？」

「まわりにがれきいっぱい漂ってるから危ないって！　やめろって！」

「でも、太陽光発電のパネルだけでも取ってきたいよなあ」

「だから、危ないから、いいって」

「いやいや、ちょこーっと行けば、いけるんでねえの」

新築して、一年しか住んでいない家だった。仲間に頼んで設計してもらって、八木澤商店の山の木材を使い、太陽光発電パネルもつけた。千秋と、三人の子どもたちと、愛する町並みの中で暮らした、家だった。

「あんだけキッチリ建ってると、海ん中住めそうだなあ」

「社長、水中ボンベしょえば、住めるっしょ。あそこから通えばいいじゃないですか」

仲間や社員たちと笑いながら話していると、悔しさもまぎれた。

怒っていても、しょうがない……。

第7章
青い麦

気仙川のほとりで
芽吹いた青い麦

けせん朝市

二〇一一年五月一日。

陸前高田の空を、八百匹の鯉のぼりが泳いでいる。満開の桜。その下で、何よりも輝いているのは、集まった人たちの顔だ。

今日、十時から「けせん朝市」が開かれる。二時間前から、二〇〇人以上が行列をつくっている。

今から一ヶ月ほど前のこと。通洋たち、岩手県中小企業家同友会気仙支部の仲間は、話し合っていた。

「全国から救援物資が届いたことはとてもありがたいけど、〝もらい続ける〟のは、エサを与えられ続けるブロイラーと同じ。人間がダメになっていくよなあ……」

そう言ったのは、通洋の「もうひとりの親父」、田村満だ。

「上野のアメ横みたいなことをできないかな？　あそこは、戦後の闇市からスタートした。今、ここは戦地みたいなもんだから、ああいうことをやるうちに、人間性が取り戻せるんじゃないか？」

今は亡き若松友廣に学び、ずっと陸前高田の町づくりを一緒にやってきた仲間だから、団結力はとても強い。

「シンジ」

「ジュン」

お互いを下の名前で呼び合って、兄弟のように仲がいい。職業は、食品卸業、建設会社、印刷業……とさまざまだが、町を愛する熱い気持ちと結束力はとても強い。震災の後、その力は本領を発揮した。

「じゃあ、〝朝市〟をやろうか」

通洋たちは、とにかく自分たちの足で立ち上がりたい、という気持ちが強かった。

「お前、実行委員長な」

指名された中小企業家同友会の橋詰真司は、肉屋、魚屋、花屋、飲食店……、手分けをして避難所をまわり、かつて商売をしていた人々に、

「一緒にやらないか？」

と説得してまわった。

「何もする気力がない」

顔をちらっと見て、下を向く人が多かった。

説得には時間がかかった。しかし根気よく、時には両手を握りながら、話し続けた。

「やってみるか。今やんなきゃ、ずっと立ち上がれないかもしれない」

という人が、何人か出てきた。

説得のかたわら、「けせん朝市」と名付けた朝市を実現するために、商品の仕入れ、設備……と、それぞれができることを分担して奔走した。震災の後、重宝した自転車も、二百台用意した。

設備はＷＦＰ（国連世界食糧計画）から支給された、支援物資保管用のテントを使うことにした。本来、商売に使ってはいけないとされているが、確認すると、担当者は、

「基本的には物資を保管する倉庫ですが、建てたあと何に使ったからといって、それを処罰する法律はありません」

と答えた。

（見て見ぬふりをしてくれる、ということだな）

柔軟な判断のおかげで、テントを確保することができた。

飲食店をやるためには、調理設備が付いた小さな建物も必要だ。

「ないなら、つくろう」

地元の木材を使い、みんなでつくりあげた建物は「同友ハウス」と名付けた。岩手県内の各地から仲間がかけつけ、それぞれ得意な技術を生かして手伝った。

けせん朝市の開催を五月一日に決めていたので、時間がなかった。間に合わせるために夜中の二時まで作業し、三日間で完成させた。ひとつの目的のために働く喜びで、集まった誰もか

ら、キラキラした光が出ているようだった。

「同友ハウス」で飲食店をやるためには、保健所の営業許可が必要だ。通常、営業許可は、設備面など厳しいチェックを経なければ出ない。

「すみません、三日後に建つ予定で、これが図面です」

保健所は、図面のみの審査で、一日で八種類の営業許可を出した。

平常なら、とても許可が出せる設備ではないことは明らかだったが、状況に応じた対応で、立ち上がろうとする人々を応援してくれた。

たくさんの鯉のぼりを泳がせようと「希望の鯉のぼりプロジェクト」として、全国から鯉のぼりを募集したところ、励ましのメッセージとともに八〇〇匹も集まった。

「ハンパじゃねーなー、この数！」

嬉しい悲鳴をあげながら、みんなで手分けし、一匹一匹吊るした。

「朝市なのに、十時に始まるなんて遅い！」

そんな声も出るほど、陸前高田の人々はこの朝市を楽しみに待った。

午前十時。

いよいよ、けせん朝市が始まった。そこで起こったことの、素晴らしかったこと……。

「うまい！　そう、この味！」

そばをする人の笑顔。

「料理人にとって、この瞬間が最高の幸せだ……」

つくる人の笑顔。最初は、店の再開は無理だ、と下を向いていた親父さんだ。

あちこちで会話が乱れ飛んだ。

「生きてたの！」

「生きてて良かったね！」

「うちの○○は見つかったの」

「そう、見つかって良かったね……」

普通なら、「見つかった」といえば生きて見つかった、ということだろう。しかしここでいう「見つかった」は、遺体が見つかった、ということなのだ。行方不明のままの人も多い。遺体が見つかったことは良かった、という、つらい世界だ。

しかし、そこで誰かと再会できたことや、自分の意思で買いたいものを買えたこと、商売を始めたことは、人々に生きる力を呼び起こした。

けせん朝市は、七日間続けて開催した。訪れた人の数は、二〇〇〇人を超えた。

「けせん朝市」がニュースで報じられると、ほかの被災地でも、あちこちで同じような取り組みが始まった。

先生たち、あきらめんな

通洋は、希望の種を蒔きたかった。

けせん朝市から一ヶ月後の六月のある日、岩手県内の高校の先生たちの前で、マイクを持って話をしていた。

どうしても先生たちに話がしたい。特に、進路指導の先生に……と頼み込んで、機会をつくってもらったのだ。

「進路指導の先生たち、私たち地元の企業は、どんな無理をしてでも、卒業した生徒たちが働けるよう、受け入れます。だから、地元には就職先がない、とあきらめないでください。若者を、陸前高田から出さないでください」

強く、熱く、語りかけた。

「津波で家族や友達を亡くして、生徒はふつうの精神状態ではありません。さらに働き場所がないから、と、よその土地に出て、ふるさとまで失ったら、心がぼろぼろになる。子どもの一生が台無しになります」

「子どもを守れるのは、私たち地元の経営者と、先生たちと、行政。みんなで協力しないと、子どもたちはどうやって『かたき』を討ったらいいかわからない。相手は自然だから、親や兄弟を流されても、文句を言うこともできないんです。

唯一敵討ちができるのは、自分の手で、町を復興させることです。これは住民が一体にならないとできない。こっちも、言ったからには責任をもちます。先生があきらめたら、生徒は絶望するんです。先生はあきらめないでください。高校生だけじゃない。大学生もそうです」

通洋は、何度も「敵討ち」という言葉を使った。

いつも、希望を語り、冗談をいい、笑っている通洋の胸の内側は、本当は、悔しくて、悲しくて、どうしようもない気持ちが渦巻いていた。

「たくさん、たくさん殺しやがって……。今に見ておれ。かたきとったる」

通洋と兄弟のような間柄だった、伊東進太郎(いとうしんたろう)も津波で殺された。二八歳だった。

「この町の閉店した店のシャッターを、ひとつずつ全部、俺があけてやる」

と語り、通洋と一緒に陸前高田の町づくりをしていた、大切な仲間だった。熱いだけでなく、町の隅々、商店だけでなくお寺までまわり、丁寧に話を聞くような青年だった。

「次は、海のどまん前に工場建てたる！　来るなら来い！」

通洋は叫んだこともある。相手は「自然」だ。自然に対して怒っても仕方ないとわかっている。それでも、気持ちの持っていき場がなかった。たぶん、自分だけではない。大人も、子どもたちも、みんな同じはずだ。

「亡くなった人たちの敵討ち」

ができるとしたら……。

それは、十年後、ここを、全国の人々がうらやましがるような町にすること。

津波なんか、なんでもなかったよ、と、みんなが平気な明るい顔をして働き、幸せに生活できること。

それしかない、と思う。しかし陸前高田市では、人口約二万四〇〇〇人のうち、一七〇〇人以上もの人々が亡くなった。

市役所や郵便局などの町の中心部も、駅も、何もかもほとんど壊滅してしまった。津波が直撃した市役所の職員は、四分の一が亡くなった。この町を立て直すのは、並大抵なことではない。

町全体の力を結集しなければ、とても無理だ。そのために走り回っているうちにひとつ、気付いたことがある。

自分が怒り狂い、マイナスのエネルギーを発散していると、人は恐がって絶対についてこない、ということだ。

ウソでもいいから、笑う。冗談をいって、無理にでも明るくしてみる。すると、そのうちそれが本当になっていく。ものごとも、明るいほうへ動き出す……。

「若い人たちが、自分たちの手でスコップを持ち、つるはしを持って町を立て直すことが、本当の復興です。そうでなければ、空っぽです。十年後、俺たちがこの街を復興させた、と子どもたちに言わせる。これが一番大事なことなんです」

陸前高田市で生まれ育った人たちは、ふるさとを愛する気持ちがとても強い。

学校を卒業した後、町に残って、この町と、家族や仲間のために働きたい、という若者もたくさんいた。

しかし、町が壊滅して働き場所がないから、愛する陸前高田を離れなければならないとしたら……。こんな残酷なことはない。町の未来をつくっていくのは子どもたちだ。なんとしてでも、ここに働き場所をつくり、いきいきと楽しく、輝いた人生を送ってほしい。

通洋は、いてもたってもいられず、中小企業家同友会や地元の企業の仲間たちと、

「お前んとこ、何人雇える？」

「うううう－ん、うちはふたりの会社だから、厳しいんだよなあ。……じゃあひとり」

「いや、ふたりならふたり雇わないと」

「ひえええ……無理言うなあ……」

「うちは三人雇うぞ」

「うちは……『無制限』にする」

「すげーな……、じゃあ、いざとなったらジュンのとこ（長谷川建設）にお願いできるな」

「うーん、頑張ってみっか」

ひとりでも多くの若者が陸前高田で働けるよう、求人をひねり出すために智恵をしぼった。

なにしろ、ほとんどの会社が津波で流され、苦しい状況だ。さらに「新入社員を入れる」というのは、会社にとって大変なことなのだ。

学校を卒業したばかりで、まだ「働き方」がわからない若者に仕事を教えていくには、とても時間と手間がかかる。一般的に、なんとか一人前にやっていけるようになるまで三年はかかる、というくらいだ。

でも、新入社員を教えることで、教える側も大きく成長できる。若者を受け入れることは、町と会社の未来のために絶対に必要だ、と通洋は考える。

マイクを握り直し、高校の先生たちに語り続けた。

「私たち中小企業家同友会は、全国にあります。そこでいう『教育の定義』をご紹介します」

「『教えるとは、ともに希望を語ることだ。学ぶとは、誠実を胸に刻むことだ。信頼関係がなければ、それは本物の教育にはなりえない』

心の底から、この人からものを学びたい、と思えなければ学ぶことはできない。われわれは教育者として、姿勢で表すしかないんです」

母の光枝がこれを聞いていたら、吹き出したかもしれない。子どもの頃の通洋は、大の勉強嫌いだった。

「読んだり書いたりするくらいなら、死んだほうがマシだ」

と言い、成績はビリから数えたほうが早かった。

学びたいと思わなければ、決して学べない。通洋自身がそのことをよくわかっていた。自分の本当の学びは、「この人から学びたい」と思った中小企業家同友会の若松や、たくさんの魅力ある先輩からだった。

通洋は、高校の先生たちへの話を、こう締めくくった。

「さいごに、わが岩手県出身の、偉大な文学者ふたりの言葉をご紹介します。

『世界がぜんたい幸福にならないうちは、個人の幸福はありえない』。宮沢賢治のことばです。

それからもうひとつ。

『こころよく　われに働く仕事あれ　それをし遂げて死なむと思ふ』

これは、石川啄木のことばです。仕事はつらいことも多いですが、これをやりとげて死んでもいい、本望だ、と思える仕事につけることが、人生の一番の幸せではないかと思います。だから、子どもたちにも、働ければどこでもいい、なんでもいい、という発想をしないでほしいのです。

それをやりとげたら、死んでもいい、と思えるくらいの仕事であることを祈りながら、われわれが、先生たちと一緒になって、その場をつくっていくことを、この場でお約束したいと思います」

半分ハッタリだったが、約束したからには、何としてでもやらなければならない。マイクを置き、舞台をおりながら通洋は気をひきしめた。

「来年も、八木澤商店に新入社員を入社させる」

と宣言した通洋に、和義は、

「今年の春は入社前からの約束だったからまだわかるが、来年も入れるのか！　いよいよおかしくなったか」

心配を通り越してあきれ返ったが、ぐっとこらえた。

二〇一二年四月入社が決まったのは三人だ。

岩手県工業技術センターで一年間研修期間を延長した吉田知実と、地元、高田町出身の星亜希恵、もうひとりは気仙沼市出身の齋藤由紀だ。

高田町出身の星亜希恵は、震災が起きた時、一関市の短大の二年生で、春休みの講義中だった。両親は無事だったが、高田町の中心部にあった実家は津波で流され、祖父母が犠牲になった。

星は、震災を経て、地元に帰って働きたいという思いを強くした。ちょうどテレビで見た、四月の社長就任式の通洋の言葉に心を動かされ、八木澤商店の入社試験を受けた。

星は、ふるさとの風景と祭り、人柄が好きだ。

「高田の人は、ゆっくりで、穏やかな感じというか。車を運転していると、狭い道をすれ違う時必ず待ってくれます。他の場所だと、お互い容赦なく通るので、怖いです」

齋藤由紀が入社を志望したのも、テレビで就任式の様子を見たことがきっかけだ。

気仙沼市の齋藤の実家は津波の被害を免れたが、ワカメ漁師の父は職を失い、津波の翌日帰ってきた母も、職場が被災したことで失職した。

埼玉県の大学に通っていた齋藤は、春休みで帰省中に被災した。星と同様、津波に遭ったことで、やはり家族のそばにいたい、と強く思うようになった。

自宅で避難生活を送っていた齋藤の家には、食料の配給がなかった。一家の命綱となったのが、八木澤商店の「おらほの味噌」だった。「おらほの味噌」は、生揚醤油と同様、地元の米や大豆を使ってつくられた人気商品だ。

齋藤の母が、震災前から職場の同僚と一緒に八木澤商店の味噌や醤油をまとめて注文していた。たまたま震災の前、いつも五キロ頼む味噌を、倍量の十キロ注文していた。この十キロの味噌を中心に、家族は飢えをしのいだ。

そんな時、たまたま通洋の社長就任表明をテレビで見た。

「この会社しかない」

齋藤のふたりの弟は、それぞれ専門学校生と中学生で、まだ学費がかかる時期だった。両親は職を失い、家族の中で自分しか、働き手はいない。どうしても八木澤商店で働かせてほしい……、入社試験の面接で、齋藤は感極まり、涙を流した。

「おらほの味噌を注文くださった齋藤さん……、ああ、よく注文くださる、気仙沼の齋藤さん？」

通洋と一緒に面接に立ち会った阿部史恵は、齋藤の話を優しく受け止めた。母が帰ってこず、一晩中泣き続けたこと。小学校時代の同級生が流されたこと……。

「私、入社したらすぐ結婚します」

と宣言する齋藤を、通洋は面白がった。

「そういえば、八木澤商店の一番最初の新入社員は、トシだったわね」

光枝が言った。優しい目だった。

「私がまだ美術の非常勤講師で高校に勤めてた頃、職員室に来て、いきなり『お願いです、八木澤商店に就職させてもらえませんか』って言ったのよね。思い詰めた顔しちゃって」

社会に出たばかりの新入社員を一人前に教育するためには、時間もお金もかかる。それまで、八木澤商店では新入社員を入れる習慣がなかった。

トシ。水門を閉めるために走っていき、そのまま帰らなかった佐々木敏行のことだ。津波で亡くなるその日まで、二十九年間、一所懸命働いてくれた。光枝のまぶたには、今も一八歳の教え子だった頃の面影が浮かぶ。

＊

「誰かに、光をあててほしい、助けてほしい、と思っているだけではやっていられない。いつまでも『かわいそうな被災者』のままで終わってしまう。自分たちが照らす側にならなければ」

小さい時からの負けん気の強さもあって、通洋にはその気持ちが強かった。

同時に今、こうして前を向くことができるのは、全国の同業者や、地域の中小企業家同友会の仲間たちとの支え合いのおかげだった……、と思う。それがなければ、不可能だった。

通洋は、震災後、全国の同業者に助けてもらった話を、アメリカのハーバードビジネススクールから研修に来た、成績優秀な学生たちに話したことがある。しかし、学生たちはキョトンとしている。

「なぜ、ライバルなのに、同業者を助けるのですか？ 放っておけば、ライバルが一社潰れて、商売がやりやすくなるのに。市場競争原理といって、ビジネスの考え方の基本ですよ」

理解できない、という顔で質問された。

（えっ、そうなの？）

通洋はちょっと驚いたが、

「同業者に助けられたのは、うちだけじゃありません。震災の後、同じような話は、ほかの会社でもたくさんありました。日本に、二百年以上続いている会社は、三一〇〇社あります。これは世界一位の数です。二位のドイツは八四〇社ですから、倍以上ですよね。皆さんのアメリカは……、百年続いた会社が一〇社もありません」

さらに、ニヤッとして付け加えた。

「ひとつの会社が潰れると、そこで働く人が生活に困り、地域社会全体が崩れます。会社を潰さないで続けるというのは、とても大切なことなんです。優秀な皆さん、どこから学ぶべきか、考え直してはどうですか？」

命のタネを蒔く

八木澤商店は、なぜ二百年以上もの長い間、潰れずに続いてきたのだろう？

二百年以上続いている会社には、醤油、味噌、お酢など、原料を微生物の力で発酵させて商品をつくる、醸造業の会社が多い。中には、三百年、四百年続いている会社もある。

八木澤商店が続いてきた理由、というよりも、なぜ醸造業がこんなに続いてきたのだろうか、と通洋は考えた。

醤油の原料は、大豆と小麦。味噌の原料は、大豆と米や麦だ。お酢の原料は、米。小麦も、大豆も、米も、「タネ」だ、ということが共通している。土に蒔けば、芽を出し、実をむすぶ。

農業技術が発達していなかった頃……江戸時代や、それより昔から、日本は日照りや冷夏など、気候によって、飢饉に見舞われることがしばしばあった。

醤油屋、味噌屋、酢屋は、商品をつくるために、米や麦、大豆などの原料をたくわえている。飢饉の時は、この小麦や大豆、米を「タネ」として、お百姓さんたちに分けたのだろう。作物が全滅し、来年蒔くタネがなくなることは、お百姓さんにとって、もっとも怖いことだったに違いない。タネがなければ、次の年になっても作物が収穫できず、ずっと飢饉が続くことになるからだ。

もともと、醤油屋や味噌屋は、昔から地域のお百姓さんが、自ら収穫した大豆や小麦を持ち込み、つくってもらったことから歴史が始まっているところが多い。

地域の人たちとつながり、支え合ってきたからこそ大切にされ、続くことができたのではないか？　自分の利益だけを考え、人々から愛されない会社なら、火事や水害など、何かピンチがあっても、誰からも助けてもらえず、とっくに潰れていたに違いない。

醸造業の会社は、地域を大切にし、農業を大切にし、目には見えないほど小さな微生物の命と力を尊敬し、活用してきたからこそ、何百年も続いてこられたのではないか……。

通洋が「原料はタネだ」と考えるようになったのは、最近、こんな出来事があったからだ。

「あれ、八木澤さんとこの小麦じゃないの？」

がれきの間から、太陽の光を浴び、青々とした草が生えていた。

「ん？　これ、雑草じゃないの？」

「いや、これ、小麦の穂だよ。八木澤さんとこの小麦だよ」

三ヶ月半前、津波に襲われた時、原料倉庫は、ちょうど仕入れたばかりの小麦で満杯だった。

「あーっ、今日、小麦積み降ろししたばっかりだったのに！」

避難した裏山の神社から、原料倉庫が津波に襲われる様子を見て、社員が叫んだのを、通洋はよく覚えている。

気仙川のほとりに建っていた原料倉庫は、流されてなくなってしまった。しかし、倉庫があったあたりの地面にこぼれた小麦が芽吹き、今、小さな小麦畑になっている。

海外から輸入した小麦ではなく、岩手県産の南部小麦だったから、気候風土に合っていたのかもしれない。

通洋の母、光枝も「小麦畑」を見に行った。

「小麦って、こんな海水をかぶったがれきの中でも育つのねえ。本当に、強い」

つぶやきながら、

（あの子も、麦のようだ……）

風にそよぐ小麦を見ながら、光枝は思った。

幼い頃の通洋は、ハイハイできるようになった瞬間から、三十秒と自分のひざの上にいない子だった。好奇心旺盛で、あっという間にどこへでも行ってしまった。

友達は多かったが勉強は大嫌いで、いつも騒いだりいたずらをしたり。高校生になっても将来何をしたいのか、どんな大人になるのか見当もつかなくて、ずいぶん心配した。何度もぶつかり、しょっちゅう大げんかしたものだ。

親の言うことには耳を貸さない、手に負えない子だったが、地域に、大人になってからも彼を見守り、叱ってくれる人たちがいた。

この町をつくっていくのは、若者たちだ。陸前高田だけではない。今、通洋と同じように奮闘している者がたくさんいる。

彼らは津波ですべてを奪われても、思いがけない強さで芽を出し、穂をのばそうとしている。この、青い麦のように。

気仙川の風景

第8章

なつかしい未来創造株式会社

全部さらけ出してこその結びつき

盛況に終わった「けせん朝市」だったが、

「このまま終わらせるの、もったいないよなぁ」

通洋たち、岩手県中小企業家同友会気仙支部の仲間は話し合っていた。皆、気持ちは同じだった。この勢いを、町の復興につなげたかった。

通洋が、二〇〇七年に岩手県中小企業家同友会の「気仙支部」設立の構想を持ちかけ、田村満に支部長になってほしい、と打診した時、田村はすぐにはうんといわなかった。

「三〇人以上集まる例会を、三ヶ月連続で開けるか？　一回でもダメだったら、初めからやりなおしだぞ。それができたら考えてもいい」

仲間の橋詰真司や通洋が、必死に若手経営者に呼びかけて賛同を募り、二八名でスタートしたのだった。

「実はあの時、一番熱心に経営者に声かけしてくれてたのは、田村さんだったんですけどね」

と通洋は振り返る。

気仙支部の仲間たちは、時には互いの財務諸表まで見せ合い、持続可能な自立した地域経済や、社会的課題を解決する企業活動のありかたについて学び合った。

財務諸表を見せ合うようになったのは、ひとつの苦い出来事がきっかけだ。

ある時、気仙支部のメンバーのひとりが、しだいに会合に姿を見せなくなった。

「そうだよな、あいつはひとりでやってるからな、忙しいよな」

皆でそう話し、見守ることにした。やがてそのメンバーは、気仙支部を脱退した。

「そうだよな、会費もかかるし、今大変なんだろう。あいつの意志を尊重しよう」

そう話した数ヶ月後、彼は自殺した。

亡くなる直前に撮ったと思われる遺影は、別人のように痩せ細っていた。

「俺たちは、見守ったんじゃない。見捨てたんだ」

苦い後悔がこみ上げる。

「こんなに痩せて、苦しんでたのに……気付いてやらず、相談にも乗らず、俺たちは見殺しにしたんだ。なんのための同友会だ」

それからは、顔色が悪い経営者がいたら、踏み込んで話を聞く。粉飾決算しているらしいと気付いたら、会社まで行って一緒に棚卸しをし、現状認識をするところから一緒に経営再建計画をたてる。銀行にも同行して、バックアップを依頼する。お節介といわれてもいい、とことんまでつき合う……、そんな強い結びつきができていった。

中小企業家同友会気仙支部には、五月から強力な助っ人が加わっていた。

学生を被災地にインターンとして派遣するために、東京からやってきていたコンサルティング会社の「ソシオ エンジン・アソシエイツ」メンバーだ。

「ソシオ エンジン・アソシエイツ」のスタッフ、町野弘明（四九）、服部直子（五〇）、中野里美（三四）にとって、震災直後の、通洋たち同友会メンバーとの出会いは衝撃だった。

「被災地の企業をどう再生させるか、一緒に考えてくれる学生インターンなら大歓迎です」

彼らは異口同音にそう言った。それまでいくつか被災地を回ったが、ボランティアの要望はあっても、インターンを歓迎する、という言葉を聞いたのは初めてだった。八木澤商店や中小企業家同友会の仲間は、彼らが連れてきた学生を、それぞれの会社に受け入れた。

中野里美にとって、通洋たちはこれまでの人生で出会ったことのない人々だった。

自分の足でしっかりと大地に立ち、まっすぐに人を信じ、受け入れ、町の未来を真剣に考えていた。そして、あくまでも明るかった。被災地の状況を目の当たりにして、悲痛な面持ちでやってきた中野たちを、初対面の一発目にダジャレで笑わせた。悲惨な状況の中でも、仲間とふざけあい、いい笑顔で笑っていた。

中野は、出会いを振り返る。

「私たち、ずっと震えてる状態でした。なんなんだろう、この人たちは、って。何よりエネルギーがすごくて。町野は、男が男に惚れた、って感じだったと思います。三人で話し合って、ここで活動しよう、って即決しました」

この出会いは、中野の人生を大きく変えることになる。

「自分とそんなに年齢が変わらないはずなのに、同じ日本にうまれて、同じ時代を生きてきたとは思えないくらい『違う』人たちでした。『新人種に出会ってしまった』っていう感じ。地に足がついていて、人としてかっこいい、って思いました。

私は、東京でいろんなものを着すぎてしまって、自分が何者かわからない状態で仕事をしていました。見透かされている気がして、自分も裸にならなきゃ、この人たちには対応できない、って思いました」

通洋たちは、冗談を言い合ってばかりで、話し合いがさっぱり進まないこともある。

「ちょっと、話を進めましょうよ」

なんとか仕切ろうとする服部に、

「お、猛獣つかい。仕切ろうとしても無駄だよー」

年上の服部に甘え、からかったりする。

服部が話はどこへ行くのやら、と気をもんでいる間に、モードが切り替わると一転、熱い議論が飛び交い始める。青臭い、といわれそうなまっすぐな言葉を、てらいなくぶつけ合う。夢や理想を語り合っても満足はせず、どう実現するかポンポン智恵を出し合い、実行に移す。

「こっちの人って、いろんなことを自分の力でできるのねえ。車がパンクしちゃって途方にくれてた時、知らない人がどこからか来て交換して、サッと去っていったりね。あの時、一緒に車に乗ってた東京の男の人たちはずっとオロオロして、なんだか立場がなくて気の毒だったんだけど……、ここの人は生きる力を持ってる。ほんと、カッコイイよね」

服部と中野は、よく話したものだ。

「ソシオ エンジン・アソシエイツ」のメンバーが連れてきた研修生の学生のひとりは、

「ここに来ると、どこに行っても自分の居場所があって、ここにいていいんだ、と思えるんです」

と言った。なぜそう思うのか、服部たちにはよく理解できた。

学生たちが泊まる宿舎に、橋詰真司や長谷川順一ら、同友会のメンバーは毎晩のように通い、いろんな話をした。人生や、仕事のこと。恋愛のこと……。

「今までの自分のこと、全部聞いてもらいました」

夜中の二時まで語りあい、大泣きした後、最高の笑顔で言う学生もいた。

橋詰は、

「全部さらけ出してもらおうっていうのはね……、やっぱりあるよね。俺、めんどくさいヤツだよねー」

アハハ、と笑う。

「この人たち、なんでそこまで丸抱えにしようとするんでしょう、っていつも思います。私には、情けないけど、そこまでの覚悟は持てない」

という服部に、

「うーん、全部さらけ出してもらって、受け止めて、全部許す、っていうのはずっとありますよねえ」

通洋は答える。

服部は思う。

（大切な人をたくさん失ったことで、もともと人を大切にする土壌に、拍車がかかったのではないか……）

彼女は、それまで、都会の学生とたくさん接してきた。

「学生たちが取り繕（つくろ）ったり、できないことをできるように言ったり、という姿をよく見てきました。でも、こっちの若者は、できることはできる、できないことはできない、と言います。五十しかできなければ、素直に五十しかできない、と言う。それが、純粋に美しいな、と思うんです」

根っから人が好き、という橋詰真司はいう。

「あの状況で、学生に助けられたのはこっちだった。若い人を預かってるんだから、自分もしっかりしなきゃ、って逆に支えられたんだよね」

仕事のことだけでなく、その人がどんな人間なのか、偏見を持たずにまずはまるごと受け入れる。そういう懐の深さと覚悟が、彼らにはあった。

白い鬚（ひげ）がトレードマークの気仙支部長、田村満は、いたずらそうな目でダジャレばかりいっている。

「田村さんて、俺と同じくらい取材されてるのに、まったくテレビで使われないんですよね。テレビの前でもダジャレ連発ですからねえ」

という通洋に、田村は、

「ああいうのは、悲壮感が大事だからなあ。……お前はよく映るよな。悲壮感があるから」

ニヤリとしながら答える。中野里美は、

「怖い夢見そうな時は、田村さんの顔を思い出すようにしてるんです。あと、夜、ひとりで運転しなきゃいけない時も」

という。

中野がいう、夜の運転とは、夜の被災地を走る時のことだ。被災した沿岸部は、人工物の光が絶え果てた、漆黒の闇に包まれる。

闇の中は廃墟だけで、自分以外に息をする者がいない。此岸（しがん）と彼岸の境が曖昧になるような、底知れぬ闇だ。

「こんなに闇は怖いのか」

と大の大人がいうくらい、それは恐ろしいものだった。

ここで不思議な現象に出会ったという話もある。

例えば、海辺で突然車のクラクションの音が聞こえ始める。津波に襲われた時、クラクションが切れて鳴り続けた時と同じように、何台ものクラクションが重奏になっていく。

震災後、故郷に戻って通洋らとともに活動している吉田司（二五）は、沿岸部を車で走っている時に携帯電話が鳴り、一旦車をおりて電話に出た。

話しながら海のほうを見るともなしに見ていると、気仙大橋の上を車が二、三台、ライトをつけてすうっ、すうっと通っていった。

車に戻り、エンジンをかけて、気仙大橋は津波で落ちたきりだ……と気付いた瞬間、全身が粟立った。まだ、仮設の橋がかけられる前のことだ。

「いいなあ、そういう話、たまに聞くんだけどなあ。俺、まだ誰にも会ってないよ。お化けでもいいよ、会いたいなあ。会いたいよ」

通洋は、うらやましそうにいう。

（この人たちは、本当に大切な人を津波でたくさん、亡くしたんだ……）

服部たちは、こういう瞬間、胸をしめつけられる。

「河野さんもさ、しっかりしゃべってるように見えるけど、繊細だし、胸の中じゃ、こうやってるんだよ」

橋詰は、両手の人差し指をちょんちょん、とつついてみせた。

「なつかしくて、素晴らしい未来」をつくる

けせん朝市は、地元の中小企業の結束力と底力の賜物といえた。これを復興の足がかりにして、国や行政の助けを待つのではなく、自分たちで立ち上がりたかった。

それぞれの会社の再建は、陸前高田の町の復興とセットだ。町全体が復興しなければ、八木澤商店も復興できない。建設業者、水産業者、飲食店……、すべてが連携している。

津波で亡くなった伊東進太郎は、文具店の息子だったが、

「そんなことやってねえで、鉛筆の一本でも売れ」

と揶揄されると、

「何いってんだ、今と同じことやっててみろ、十年後はみんな潰れてなくなってるぞ。だから、みんなで集まって学び合うんだ」

と言い返した。

通洋にとっては弟のような存在であり、年少者からは兄貴分として慕われていた。消防団員だった進太郎は、住民を避難誘導していて津波に呑まれ、亡くなった。

「あいつが目指した、美しい町をつくろう。俺たちも年をとって、いつか死ぬ。死んで向こうに行った時、あいつに笑われないようにしよう」

気仙支部の仲間は誓い合った。

けせん朝市の「テント」から、もっとしっかりした店舗に進化させたい。期間限定ではない「いつでも行ける店」にしたい。しかし、それには資金が必要だ。

中小企業家同友会と「ソシオ エンジン・アソシエイツ」のメンバーは、七月から復興構想会議「陸前高田千年みらい創造会議」をスタートし、週一回ペースで防災都市構想や自然エネルギー、第一次産業の復興などのテーマで学び合いを始めていた。

その席で町野弘明が、

「話し合いで終わらせずに、具体化していく〝復興まちづくり会社〟をつくってはどうですか？」

と提案し、皆が賛同した。

〝復興まちづくり会社〟とは、行政や民間企業だけでは実施が難しい、公共性の高い復興事業に民間で取り組むことを期待される組織で、震災後、国の復興構想会議でその必要性が提言されていた。

〝復興まちづくり会社〟を設立し、組織立てて取り組めば、「けせん朝市」を発展させた「復興商店街」の開設も実現できるかもしれない。

猛スピードで動いていく事態に、服部直子は、驚かされることの連続だった。

〝復興まちづくり会社〟設立に向けて動き出した準備会の中で、ある日、通洋は投げかけた。

「町野さん、服部さん、役員になってください。会社を一緒につくるからには、それで終わりにしませんよね？　まさか、東京に帰っちゃうの？」

彼らは、被災地支援のために、たまたまやってきた、という縁である。これからも応援していくつもりではあったが、そこまで深く関わることは考えていなかった。ところが、町野は瞬間的に覚悟を決め、

「帰りません」

と即答した。通洋は続けた。

「僕らと会社つくるために、五十万円出してください。それから、東京からちょこちょこ手伝いに来られても困るんで、こっちに家借りて住んでくれませんか？　ここで働いてください。お給料は払えませんけど」

「ええっ？」

あっけにとられている服部に、お願い、というよりは脅迫といったほうがいい迫力で、通洋は迫った。

「えええ？　私たち、少人数の会社だし、東京に仕事あるし、困るんですけど……」

しかし結局、服部直子は通洋の数々の要求を受け入れた。

中野里美が、

「私、ずっとこっちにいたい」

と言い、住民票を移し、引っ越す決断をしたのだ。彼女の家を現地の拠点とすることができたので、メンバーは一ヶ月の半分を東京で、残りの半分を陸前高田で過ごすことにした。

「陸前高田の中小企業の社長さんたち、本当に魅力的で……、ときめいちゃった、ていう感じ。ま、ときめいちゃったといっても、みんな結婚してて、子どももいるんですけどね」

ふざけて言う中野は、最初はここまで深入りするつもりはなかった。しかし一緒に活動していくうちに、さらに彼らの魅力に引き込まれていった。

「中野さん、引っ越しちゃうなんてすごいね、偉いね」

周囲に驚かれたが、

「使命感に燃えてということでもないし、こだわりがあったわけでも、勇気があったわけでもありません。こっちにいられるほうが、まず楽しかったんです。この土地で日常的に行われている物々交換の様子が見えたり、知ることが楽しかった。皆さん、高田が好きなんだなーって。

人に触れるにしたがって高田ラブになってしまって、東京から高田行きの電車に乗ってる、っていうだけで、嬉しくて顔がニコニコするようになってきちゃって」

ここで生きていきたい。ずっと、この人たちと関わっていたい。そしていつか、ここで結婚して、この人々の輪の中で子どもを育てたい……、そう思うようになった彼女にとって、引っ越しはごく自然な流れだった。

「高田の人は、子どもに優しいです。道を歩いている人に挨拶するのも普通。その癖がしみ込んじゃって、東京で歩いてる人に『こんにちはー』と言ってしまって、ぎょっとされたことがあります」

服部は振り返る。

「まあ、なんていうか、通洋さんて恐ろしい人ですよね」

いやー、ほんとほんと、と言いながら、

「なぜ、ここまで深い関わりを持つことになったのか、そんなことが自分にできたのか、今でもよくわかりません。もっと時間がたったら、わかってくるのかもしれない、って思っています」

二〇一一年九月、「なつかしい未来創造株式会社」と名付けた、復興まちづくり会社が誕生した。

〝創っていきたい未来は、陸前高田にずっとあり続けた、文化や心、人のつながりを大切にする、なつかしくて素晴らしい未来……〟

話し合いの中から生まれた名前だ。

なつかしい未来創造株式会社はなんとか設立にこぎ着けたが、八木澤商店の幹部社員たちは、通洋の説明に激怒した。

「社長さっき、『なつかしい未来創造株式会社の役員引き受けてもいいか、みんなに相談したい』って言ってましたけど、資料に専務取締役、ってもう社長の名前が入ってますけど。これ、決定ってことですよね？　相談じゃないじゃないですか」

「……すまん、決定してる」

「そういうのは相談て言いません！」

通洋は出張で八木澤商店を不在にすることが多く、自分がいなくても判断できるように、と社員たちにさまざまな権限委譲をした。その重さに耐えられない、とプレッシャーを感じる者もいた。阿部史恵は怒鳴った。

「八木澤商店もどうなるかわからないのに、復興株式会社って……、頼まれたのか何だか知りませんけど、どうせ、自分は過労で死んでも本望だと思ってるんでしょ！」

頼まれたのではなく、無理矢理巻き込んでいる側だろうな……ということも、うすうすわかっている。

「思ってるよ」

「あっそうですか！」

開き直った通洋の返事に、阿部は憤然と黙りこくった。泣き出す社員もいた。

通洋はまったく休みなく働き続けていた。そのうえ、マスコミ取材も多く、社員の防波堤になろうとしたのだろう、すべて自分で対応していた。とても全部やり切れるはずはないのに、ひとつひとつに対応し、精神的に疲れてしまった社員一人ひとりに寄り添おうとし、それができなくて絶望し、それでもなお全力で立ち向かおうとする。そんなに戦い続けていたら、いつか倒れてしまう……。阿部は、時々見ていて切なかった。

こうして発足した「なつかしい未来創造株式会社」が最初に関わった事業として、二〇一一年十一月、けせん朝市を発展させた「陸前高田未来商店街」が誕生した（立ち上げ初期以降は橋詰真司が独立し、中心となって事業を牽引した）。

震災の後、都会から陸前高田へ戻ってきて、未来商店街で店を始めた若者もいる。「けせん朝市」は、土日の開催として、続けることになった。

中野里美は移住した翌年、自分と同じように被災地に来て働く男性と出会い、結婚した。夫の職場である南三陸（みなみさんりく）町と陸前高田市の中間、気仙沼市に新居を構えた。

「本当は、陸前高田に住みたかったんですけどね。ここの土地と、人の魅力にやられました。男も、女も、お年寄りも、若い子も、みんな明るくて強い。そして優しい」

中野が魅せられたのは、陸前高田の土地と、人だという。

彼女が、仮設住宅に表札を付けるボランティア活動を見かけた時、自分の家の表札をスカイブルーに塗っている人が多かった。不思議に思って理由を尋ねると、みな口を揃えて、

「高田の色は、青なのよ」

「海の色も、空の色も、そうなのよ」

と答えた。「自分が好きな色」ではなく、「高田の色」を選んだ人々の心が、今の中野にはわかる。

「震災というとても悲しい、大変な出来事がきっかけではあったけど、この土地とこの人たちに出会えてよかった。自分の人生の中に、こんな出会いがあるなんて、想像していませんでした……」


震災直後、千秋は通洋にこう言った。

「あんたは、この時のためだけに生まれて来たんだから。町が普通に戻ったら、あんたみたいなのは必要なくなるの。今必死にやらなきゃ後悔するよ、思いっきりやりなさい」

通洋はこの言葉に大きく背中を押され、生き生きと飛び回った。しかし、一方で千秋は通洋の心身が気がかりでもあった。

震災以降、被災した人々はずっとある種の興奮状態にあった。ショックが連続し、しかし心を落ち着けられる場所もない。

クタクタに疲れているのに、神経が昂(たかぶ)って眠れない。ほとんど眠れなくても、朝が来ればいつもと同じ、あるいは普段以上のテンションで動き回れてしまう。そんな日が何日も続く。

正義感が強く、一本気な通洋は、その傾向が人一倍強かった。

千秋は何度か声をかけた。

「パパ、少し休んだら？」

「大丈夫、大丈夫」

通洋は睡眠薬の助けなしには眠れなくなっていた。それでも、

「できない言い訳をするのは簡単なんだ。いくらでも、世間は許してくれる。まだ会社が軌道に乗ってないって言えば十分だ。でも、それじゃダメなんだ。照らす側にならなければ」

走り続けるしか、今の彼にはできなかった。

新しく完成した醤油工場（上）と
新本社（下）

第9章 再建への長い道

未来を応援してくれる人たち

二〇一一年秋。

一関市大東町摺沢の事務所で、八木澤商店営業課長の吉田智雄は、通洋と向かい合ってい た。ムードメーカーといわれる吉田だが、その表情は硬い。

「どんどん、売上げの数字落ちちゃってます」

データを示しながら、通洋に説明する。

摺沢工場から、OEM（製造委託販売）で商品を出荷しはじめた頃、

「ああ、八木澤さんね、いいですよ、商品置きますよ」

「応援してますから、どうぞどうぞ」

営業に出た先々で、好意的な反応をもらい、再出発は順調なスタートを切ったかに見えた。

しかし、時間の経過とともに、出荷数が右肩下がりになっていった。

吉田智雄は、営業の前は長く製造部で醤油やつゆ、たれの製造に関わっていた。

「やっぱり……、つくってるところ見えないし、自信持って、こういう工程で、こういう原料を使って、私たちがつくってます、という熱い想いがお客さんに伝えられないのは、悔しいです」

「そうだよな……、俺たちはつくってナンボ、だからなあ」

通洋はうなずく。

商品の中でも、特にめんつゆの売上げは、落ち込みがひどかった。めんつゆには、おいしくない、というクレームが来ていた。官能検査をしてみると、最初に決めていた味から、ずれていることがわかった。

「これじゃあ、ダメだ……なんでこうなったんだ?」

吉田は唸った。忙しさのあまり、品質のチェックを怠っていたことを悔やんだが、あとの祭りだった。

売上げの落ち込みは、品質を反映していた。

「お客様の反応は正直だ。やっぱ、自分たちでつくりたいですよねえ」

吉田のつぶやきに、通洋は、深くうなずいた。

工場を建てるには、多額の資金が必要だ。資金、土地探し……、通洋は息つく間もなかった。

この頃の通洋は、文字通り走り回っていた。

東京に出張することもしょっちゅうだったが、同行する阿部史恵や加藤千晶（かとうちあき）は、通洋について行くだけで必死だった。

「社長が山手線の改札で手帳出して、そのまま荷物忘れて電車に飛び乗って、私と千晶ちゃんがあわてて荷物抱えて追いかけて、大分たってから『あ……それ誰の？』って。本人は忘れてきたことすら気付いてない、っていう。

電通の本社のエレベーターの真ん前で、パカーンとスーツケース広げて話し始めちゃったりするし。そういうの何回もやってましたね」

阿部史恵は苦笑いする。

資金づくりには、地元の銀行も全面的に協力してくれた。

震災直後、避難所にいた通洋を泥だらけで訪ねてきて、資金の返済凍結を約束してくれた岩手銀行の支店長は、その後も頻繁にやってきて、会社の再建計画を一緒に考えてくれた。

自分たちの損得抜きに、八木澤商店にとって最良の策を練るため、ほかの金融機関に良い条件で借りられそうなものがあれば、紹介してくれた。通常の銀行の常識では、考えられないことだ。

しかしそれでも、資金が足りなかった。

醤油工場の再建は、設備が大がかりなので、億単位のお金が必要だ。まずは、「つゆ・たれ」工場を再建するところから始めたかった。つゆやたれは、原料を調達できればつくることができる。必要な資金は五千万円はかかる。

八木澤商店の再建の大きな力になったのは、「ミュージックセキュリティーズ」という投資会社の「被災地応援ファンド」だった。

「被災地応援ファンド」とは、東日本大震災から立ち上がろうとする会社を応援しよう、というもので、一口一万円で、応援してくれる人を募集する。一万円のうち半分の五千円を寄付し、もう半分の五千円を投資する、という内容だ。

しかし、八木澤商店は震災で二億円以上の損害を出し、トラック二台しか残っていないうえ、社員を全員雇い続け、給料を払い続けている。本当に再建できるのか、なんの保証もない。あるのは、「気持ち」だけだ。もし、潰れてしまったら、投資してくれた人に損をさせてしまう。

通洋は悩んだが、

「うちの会社はこんなにリスクがあります、と全部、正直に公開しよう。自分たちの熱い想いも精一杯伝えて、それでも応援してくれる人がいるかどうか……。わからないけど、そこに賭けるしかない」

父の和義は、最初、

「ファンドなんて、大丈夫なのか?」

と心配した。騙(だま)されているかもしれない。

震災の後、こういう「ファンド」の話は、怪しげなものも含めてあちこちにあった。ひとつ間違えれば、大損をしてしまうかもしれない。そうなったら、再建どころか、さらに借金を背負い込むことになりかねない。

「やってみなきゃわかんねえぞ。やれるだけやってみるしかない」

それでも通洋は決心した。

この「ミュージックセキュリティーズ」は、信頼できる宮城県の職員から紹介されたこと、醸造の世界では有名な、こだわりの酒造りをしている会社が利用していたこと、あとは直感だった。最終的な決め手は、

「この人に紹介されたなら、信じられる」

という、人間同士のつながりだ。

いちかばちか、賭けてみた被災地応援ファンドだったが、わずか四ヶ月で目標の五千万円を集めることができた。

八木澤商店に出資してくれた人のリストを見て、通洋は胸が熱くなった。

二〇代や三〇代の若者が多かった。そして、投資の金額は一万円、二万円という小さなものばかりだ。自分の財布から、ひとりひとりができるかぎりの範囲で出してくれている。高額な投資をして儲けよう、という人たちではないことがわかる。

この五千万円は、なんの保証もない、見ず知らずの自分たちの未来を応援してくれる人たちの、気持ちの結晶だ。

「親父、このリスト見てくれ。みんな、寄り添ってくれてるんだよ……」

「そうだな……」

和義はうなずきながら、涙をこぼした。すっかり涙もろくなったが、悲しい涙ばかりではなかった。会社を息子に任せよう、と腹をくくってから、口を出したくなることも多かったが、こらえてきた。見守るのは、時に苦しかったが、壁にぶつかりながらも成長していく息子の姿は、喜びでもあった。

このときの被災地応援ファンドで、震災からおよそ十ヶ月後、二〇一一年十二月には、一関市花泉町(はないずみまち)に工場を借りて、つゆやたれの製造を始めることができた。

自分たちの醤油工場

つゆ、たれの製造ができるようになった八木澤商店だが、ガタ落ちしためんつゆの売上げは、なかなか戻らなかった。

つゆやたれは、醤油をベースとしてつくる。しかし、今の八木澤商店では、買い入れた醤油を原料にしてつくることしかできない。

「やっぱり、自分たちの醤油じゃないのが、悔しぐて。前だったら、本当においしいお醤油でつくれたものが、つくれなくなった、っていうのが。買ってきた醤油は、どうしても香りが弱いんですよね」

吉田智雄はいう。

八木澤商店の醤油は、過去に三回、全国醤油品評会で農林水産大臣賞を受賞している。どこにも負けない、質のよい醤油の作り手である誇りを、みんなが持っていた。

岩手県水産技術センターで及川和志が発見したもろみは、工業技術センターに運ばれ、拡大培養に入っていた。

奇跡のもろみの発見は嬉しいニュースだったが、皆が手放しで喜んだわけではない。吉田智雄はいう。

「みつかったっていわれた時は、不思議でしたね。よくあったなあ、と。でも、本当に培養できんのかな、と思ったので、ああ！ っていう喜びと不安と、両方でした。

培養に成功すればいける、と思いましたが、色がつかなかったり、香りが悪かったり、味にまとまりがない、ってなれば、ダメだった、という話になるので、単純には喜べませんでした」

拡大培養といっても、特別なことをするわけではない。

一六〇キロの新しいもろみに、四キロの奇跡のもろみを入れ、発酵させるのだ。

研修生の吉田知実は、工業技術センターの及川の元上司や同僚たちに指導を仰ぎながら、作業を進めていた。

大豆を蒸し、炒った小麦とあわせ、八木澤商店がもともと使っていた酵母と同じ種類の酵母と混ぜて麹をつくる。麹ができたら塩水を入れ、そこに、四キロの「奇跡のもろみ」を混ぜ合わせ、毎日攪拌する。

有益な乳酸菌などを取り出して凍結保存する作業も行った。

「本当にこれで、もとの微生物が培養できるのかな……」

毎日、もろみの様子を見守りながら、半年以上が過ぎた。

熟成が進むにつれ、「奇跡のもろみ」に近付いてきたように感じられたが、確信は持てなかった。

秋も深まったある日、できあがったもろみを搾り、拡大培養の結果を確認した。

通洋や製造部の社員が立ち会った。

「ああ、いいもろみができましたね」

吉田知実は、通洋の言葉にほっとした。拡大培養は成功といえた。これをさらに大きく培養した時にどうなるのか、未知の部分は大きかったが、ひとつの段階はクリアした。

「やっぱり、自分たちの醤油をつくりたいよなあ」

つゆ、たれの花泉工場で製造に関われる人数は限られている。製造部の社員たちは、営業や事務など、別の部署で働いていたが、自分たちの醤油をつくりたい、という思いを募らせていた。

醤油の製造設備をつくるには、つゆ・たれ工場よりも、はるかに多額の資金が必要だ。通洋はまたしてもあちこちを走り回り、地元の銀行や金融機関に協力してもらった。

どうにか集めた資金に、県から出る予定の補助金を足せばなんとかなるかもしれない、とメドが立った矢先、突然、あてにしていた補助金が三分の一に減ってしまうことがわかった。

「あと少しだったのに、このままじゃ、醤油がつくれない……」

通洋は頭を抱えた。

目前に見えていた醤油工場の再建への夢が、消えてしまう……。へなへなと力が抜け、がっくりと足を引きずるようにして家に帰った。

夕飯を食べながら、

「いやー、思ってた補助金が、うまく調達できなくてさー……」

家族に話を聞いてもらおう、と口火を切った瞬間、

「今日はね、すっごく嬉しいことがあったの！」

遮るように千秋が言った。

「生徒がね、あのナマイキざかりの高校生たちがね、『津波の時も、後も、ずっと一緒にいてくれた。先生とあたしたち、運命共同体ですね』って言ってくれたの！　今日は嬉しい記念日なの。最高だったのよね」

じろりと通洋を見た。続いて小学校六年生の通明が言う。

「補助金？　あれ、お父さん、前に補助金なんかいらない、そんなのアテにしないでやってみせる！　って言ってたじゃん」

「いやー、そうは言ってもな……」

「まあまあ、あったかいごはんとお味噌汁食べて一晩寝れば、元気になるよ、お父さん」

（そうか、そうだよな）

補助金の話はそれ以上言いだせなくなってしまったが、行き詰まった時、家族は気持ちを楽にしてくれた。

通洋が震災後にすぐ、再建に向けて動き出せたのは、家族が無事だったからだ。もし、誰かを失っていたら、無理だったと思う。

八木澤商店の社員の中には、家族や子どもを亡くした社員がたくさんいる。彼らにどう言葉をかけたらいいのかわからない。しかし、今も変わらず、一緒に働いてくれている。きっと自分が知らないところで仲間が支え、心のケアをしてくれているのだろう。その家族のようなつながりが、とてもありがたかった。

当初あてにしていた補助金が減ったのには、理由があった。

「補助金の出し方は、県に委（ゆだ）ねられていたので、県によって出し方が違ったんです。岩手県は、できるだけ多くの企業を救おうとしたので、広く、薄く出すことにしたんですね。県の職員は、申し訳ない、と頭をこすりつけるように下げてくれました。減るとわかった時は困りましたけど、この方針は、英断だったと思います」

と通洋は言う。補助金が減った分の資金は、ミュージックセキュリティーズで再び集めることができた。つゆ・たれ工場建設時よりもさらに多い、九二〇〇万円を調達することができた。


二〇一二年十月十三日。

通洋は、真新しい工場の前に立っていた。

一関市大東町大原に、念願の醤油工場が完成した。東日本大震災から約一年半が過ぎていた。

高台にある小学校の跡地なので、まわりに視界を遮るものがなく、空がひろびろとしている。

「こんなに早く、実現できるとは思わなかった……」

工場の外観は、かつての八木澤商店のシンボルだった、黒字に白のななめ格子模様の「なまこ壁」にこだわった。津波で流され、もう二度と見ることのできない、あの古い町並みの面影を残したかった。きっと、陸前高田の人々の心のよりどころになるだろう。

このなまこ壁のおかげで、工場というよりも、大きな蔵が立ち並んでいるように見える。

再び、自分たちの手で醤油をつくれることが、何よりも嬉しい。つゆ・たれをつくっていた花泉工場も引き上げ、こちらに統合した。

工場だけでなく、十日ほど前には、陸前高田市矢作町に本社と店が完成した。本社は、津波に襲われなかった、山の中腹にある古い旅館を改装した。廻舘橋から今泉街道を西へ五分ほど走った場所だ。この本社の壁も、「なまこ壁」だ。

数少なくなった、なまこ壁の職人が、

「これが、最後の仕事になるかもしれない」

と言いながら、心を込めてつくってくれた。

醤油づくりを再開するための設備は着々と整っていく。

「こんな早いとは、俺だって想像できなかったよ」

と和義が言うくらい、流れは順調に見えた。

高田との距離

しかし、社員たちは被災から一年以上がたち、次第に疲労の色が濃くなっていた。だが、自らも傷だらけで走り続ける通洋には、振り返る余裕がなかった。

そしてついに、念願の醤油づくりを目前にして、バタバタと辞める社員が出た。

醤油工場を隣の一関市に本設したことは、ほかでもない社員の心に大きなひずみを生んでいた。

陸前高田で会社を再建したいのは、通洋も和義も同じだ。しかし、工場が建てられる日が来るのが何年、いや何十年先にあるか、予測がつかなかった。

浸水した地域は、盛り土をして全体をかさ上げする計画が示されており、建造物を建てることを禁じられている。また、津波によって、海からさまざまな微生物が運ばれてはびこっており、醸造業を再開できる環境ではない。基幹の醤油醸造機能を持たないまま、社員の雇用を維持しつづけることは限界があった。苦渋の末の決断だったが、

「陸前高田から逃げるのか」

中小企業家同友会の仲間からいわれたのはつらかった。

一関市大東町は、一関市の中で最も陸前高田に近い町だが、隣といっても、新しく完成した本社前から、今泉街道をノンストップで運転して三十分以上かかる。

本社前を過ぎると完全に山の中だ。山あいを走り、トンネルを抜け、開けた土地がぽつ、ぽつと出てきて、ああ、町が近付いてきた、と感じるような、島から島へ渡る感覚に近い。気候風土も大きく異なる。

社員の新沼美佐子はいう。

「一関市っていってもなじみがあるわけじゃなかったので、摺沢に仮事務所をつくった時も、

大東町大原も、聞いても位置さえピンと来ない、未知の場所でした」

社員たちは、仮設住宅でも陸前高田にいたいという者がほとんどだった。震災の後、津波の被害を免れた近隣の町から住宅提供の申し出があったが、誰ひとりそこに住まなかった。

一関市大東町に、ここなら社員の誰かが住むだろう、と通洋が契約しておいた家があったが、誰も行かないので、今、仕方なく通洋一家がそこに住んでいる。

新沼美佐子は、うっすらと涙を浮かべながら語った。

「摺沢に移った時、高田から一関まで通う道のりが……、なんだろうな。通っていいのかな、この仕事をしていていいんだろうか、という思いがありました。一関市は、世界が全然違うんですね。まったく、なにごともなかったような静けさや生活があって。で、私たちは仕事を終えるとこちらの真っ暗な、なんにもないところに帰ってくるっていう。

私たちが、曲がりなりにも仕事という形でそこから抜け出して、時間を過ごしてるっていうことに葛藤（かっとう）があって。高田で何かしなくちゃいけないんじゃないか、って、離れてしまうことに、すごく抵抗があった。かといって高田には何もなくて……その辺が、そうですね……なんでしょうね。何ができるわけではなく、そこを離れたくないっていうか」

大切な者を失った社員の多くにとって、津波の被害を受けていない地域は、実際の距離以上の心理的な隔たりも大きかった。

「とにかく、今日話したことが次の日には変わってる、ということがけっこうありました。よし、頑張ろう、って気持ちを持って行ったところでやっぱりあれ、だめなんだって、みたいなことがよくあって。

結局、醤油工場も一関市に建つんだっていう話になって、それがきっかけで辞めていった方も、確かにいるんです」

震災直後と違い、建築関係など、震災復興需要による働き口がたくさんできたことも影響した。より近いところで、よりいい条件ならば、と転職していく。

ずっと片腕となって通洋を支えてきた阿部史恵が退職したのも、この頃のことだ。

夫、娘と仮設住宅で暮らしながら、阿部も全力で働いてきた。しかし、もともと体が丈夫ではないことに加え、震災後のストレスと激務が彼女の体を蝕(むしば)んだ。

ある日、昼食を買いに出ようとして、道の途中で動けなくなった。

「史恵ちゃん、どうしたの!」

電柱にしがみ付いたままの阿部をみつけた社員が驚いて声をかけた。

「風が強くて、歩けない……」

運ばれた病院で検査を受けると、胃と腸に穴が開いていることがわかった。

「それでも、仕事は楽しいの」

華奢な体を、さらにやせ細らせて言う阿部を、

「このままじゃ、本当に死んじゃうよ」

夫が諭し、退職が決まった。

「ああ、俺のせいだ……」

通洋は唇を嚙んだ。顧客開拓、新商品の開発、販売のスケジューリング……、待ったなしで常にやることがあり、とてもやりきれない。疾走しつづける通洋のスピードに付いていけなくなったのは、阿部だけではなかった。

「被災者だから、ある程度世間は許してくれるというか、そういう空気があって、私たちも少しそれに甘えていたい、という心境がありました。でも、社長はそれを許さなかったんですね。ハードスケジュールの中で、頑張っても頑張っても、頑張りきれなくなる人が出ました」

阿部は振り返る。

「仕事だけじゃなかったと思うんです。当時は被災者だというだけで、誰でもカメラの前に引っ張りだされる危険があった。取材が苦手な人も多いんです。できるかぎり社長が受けるようにしてくれていましたが、私も対応せざるを得ないことがあって、それがストレスになりました。あと、摺沢までの通勤も、消耗のひとつの原因だったんじゃないかな……」

陸前高田は、冬でも降雪が少ない。しかし内陸の一関市は、降雪量が多く、路面が凍結した。山間部の凍結路面の運転に不慣れな者も多かった。それぞれに疲れがたまり始めていた。

そんな中で、醤油工場はなんとか十月に完成したが、すぐにもろみを仕込めるわけではない。新築の工場は、塗料や建築資材の匂いが残っているので、それを抜くために数ヶ月かけて換気したり、配管に水を流したりする必要がある。

二〇一三年、正月休みが明けた頃のことだ。

「配管が全部、破裂してます！」

通洋が連絡を受けて工場に行くと、工場外の配管のあちこちが裂け、そこから氷の塊がのぞいていた。

「なんだこれは！」

陸前高田市は、冬期の最低気温がマイナス五℃くらいだ。しかし、内陸部にある一関市大東町では、マイナス一五℃になる。

正月で水を止めたため、中で水が凍りつき、膨張して鋼鉄製の配管を割ったのだ。大豆を蒸(ふか)したり、醤油の火入れのためのボイラーに給水するポンプも割れた。冬の気候を想定し、「ラッキング」といい、配管を保温材で巻く耐寒仕様にしていたが、対応できなかった。

裂けた穴は、三センチ幅の大きなものだった。配管はもちろん、肉厚のバルブの部分まで割れるとは、想像を超えた氷の力だった。配管を修理し、保温材と電熱線を巻いて保温し、凍結を防ぐことにした。

さらに、水道局からの連絡で、水道メーターが異常値を出していることがわかった。

原因を探ると、土の中の配管も破裂し、二百数十トンの水が地下に流出していた。土中を掘り返して配管を修理する、大掛かりな修繕工事がなんとか完了し、二月になってようやく、もろみをタンクに仕込むことができた。

記念すべき第一号のタンクには、岩手県産の大豆と岩手県産の小麦を原料にしたもろみ一万リットルを仕込んだ。そこに岩手県工業技術センターで一六〇キロに拡大培養した「奇跡のもろみ」を混ぜた。震災前から、仕込みの担当をしている杜氏が立ち会い、慎重に行った。

新工場のタンクは、すべて屋外に設置してある。ちょうど、牛舎のサイロを小さくしたような形だ。そこにハシゴと足場をつけ、上部から蓋(ふた)をあければ、中の様子をチェックできるようになっている。機械で、空気を連続式に入れて攪拌する仕組みだ。

第一号のタンクは、加温などの温度管理はせず、奇跡のもろみの力を最大限に活かし、二年間の時間をかけて、熟成を見守ることにした。

別のタンクにも、もろみを仕込んだ。こちらは、温度管理し、「奇跡のもろみ」は入れずに買ってきた乳酸菌や酵母を加えながらつくる、まったく新しい醤油で、一年間で熟成する予定だ。

離れていく社員たち

念願のもろみの仕込みを終えたものの、工場内は落ち着かなかった。

震災以降、皆、多くを考えられないままに無我夢中で走ってきた。二年近くが過ぎ、少しずつ冷静さを取り戻しつつある中で、肉体的にも精神的にも、疲れが出てきた時期だった。新工場に移り、日々の生産に追われるようになったことで、さらに疲労がたまった。管理面やルールが曖昧なまま個々に作業が進められたことで、ミスも連発した。

そんな中で、工場のナンバーワン、ナンバーツーの幹部社員が相次いで辞めた。社内を揺るがす衝撃だった。

「辞めたのが、どうしようもない理由だったとしても、つらかったと思うんです。しかも、この時は、あきらかに経営陣に不満を持って、というところがあったので……」

千秋は、通洋の心中を推し量る。

新しい醤油工場の設計は、資金面、建設スケジュールなど、制約が多い中で、製造現場の意見を吸い上げきれないまま、進めざるを得なかった。

トイレ、更衣室、出荷スペース……、基本的な部分が、現場の意見と大きくずれた。そのずれが、やがて埋めることのできない亀裂に発展していった。

営業部の吉田智雄は、憤（いきどお）った。

「辞めんのは自由だけど、工場中途半端なのに、どうやって責任取んなや。その後のことまで考えて退社したらどうだ！　人のことも含めて」

返事はない。気まずい沈黙が流れる。本人たちも、ここに至るまで相当つらい思いをしたのだろう、言っても仕方のないことだ、とわかっていても、言わずにはいられなかった。

今後どうするか結論が出ないまま、通洋と吉田は話し合った。

「……私は製造現場も知ってるし、行きます。っていうか、俺行くしかないっすよね？」

営業現場も立ち上げの途中だったが、吉田が新工場長を引き受けることになった。

工場内の雰囲気は険悪だった。商品の出荷ミスなど、朝礼で指摘が入ると部署同士で責任のなすり合いが始まる。

こんなことは、何よりも現場の和を大切にしてきた八木澤商店の歴史の中で、異例なことだった。かつて通洋と社員が対立した時も、社員同士の結束は固かったのだ。

吉田は、あの時通洋と正面からぶつかった社員のひとりだ。通洋は後になって、直接意見をぶつけてきた社員ほど、辞めなかったことに気付いた。辞めた社員は、黙って去っていったのだった。

「社長とは今でもぶつかりますね。現場の声とか、いろんな設備とか品質管理とか、やっぱりきちんと説明しなきゃいけないし、納得してもらわなきゃいけないですから」

そう言う吉田は、この状態を立て直すためには、口うるさいと思われても仕方ないと割り切ることにした。ルールの徹底を求め、人事を動かして配置をがらりと変えた。

「あー、もう……、きつかったですね……、最初来た時は孤立しちゃって」

彼が工場長に着任して一ヶ月目、クレームが続いたため、緊急の打合せをしていた時のことだ。ルールの再徹底について説明する吉田の話を、ひとりが遮った。

「すいません、話、途中なんですけど……、辞めさせてもらいます」

絶句していると、もうひとり、

「自分も辞めます」

連鎖反応なのか、さらにもうひとりが、

「辞めさせてください」

と言った。

「……」

悔しかった。吉田は泣いた。言葉もなく、三人を目の前にして、男泣きに泣いた。

（そんな簡単に辞めるなんて、ほんと冗談じゃねえよ）

吉田はその足で通洋に相談に行った。

「工場建っちゃいましたけど、一旦ここでけじめつけて、最悪は会社潰す覚悟で、従業員ひとりひとりに本当にここで仕事していけるかどうか、確認したほうがいいんじゃないすか」

通洋は、ぐっと言葉につまった。

「一体、誰を幸せにするためにやってきたんだろう。社員のためと言って、誰も幸せになってないじゃないか……」

何のために走り続けているのか、見えなくなった。

社員の心のケアは、通洋が一番気にし、苦労してきた部分だった。

震災後、何回か心療内科の医師を呼び、社員全員の診察をしてもらった。心療内科医は、その人の心や体、取り巻く状況など、さまざまな面から総合して診察し、診断する。

診断結果は、表面的には元気そうに見える者でも、ＰＴＳＤ（心的外傷後ストレス障害）の症状が出ている、というものが多かった。

震災直後、社員たちの心のケアのため、救援物資配達の合間をぬって、社員と本や詩の朗読をしたり、かつて地元の高校で、美術の非常勤講師をしていた母の光枝が中心となってみんなで絵を描いたり、といったプログラムを考えた。それでも、ＰＴＳＤが原因で働き続けられなくなった社員が数名いた。

通洋自身もまた、ＰＴＳＤに苦しんでいた。

ひたすら前に向かって突き進んでいるように見える通洋だが、心はとても傷つき、疲れていた。震災の後から、睡眠薬を飲まなければ眠れなくなっていた。

あまりにもたくさんの悲しみに会った。大切な人をたくさん失った。がれき、遺体、悲惨な光景を見続けた。「人」が好きな通洋だからこそ、すべてを簡単に消化して前に進むことは、できなかった。

さらに、ここへ来ての社員たちの退職だ。薬の力を借りてなんとか眠っても、夜中に目がさめる。決まって、二時だ。目がさめてから朝までが地獄だった。悪いことしか考えられなくなる。

こんなに必死に会社を再建しても、さらに社員が辞めていき、櫛の歯が欠けるようにどんどんいなくなっていくんじゃないか……。

あの時、ああしていれば。こうしていれば……。ひたすら自分を責め続ける。

睡眠薬が効かなくなってきた。何を食べても味がしない。砂を嚙んでいるようだ。体重が十キロ以上落ちた。

(通洋さん、目が死んでる)

心配した千秋が、

「病院、いこっか」

と声をかけた。通洋は素直にうなずいた。自分でも危ない、と気付いていた。

千秋は、いつかこんな日が来るのではないか、とどこかで危惧していた。

(たぶん、今の落ち込んでる姿のほうが、本当だ)

心療内科の医師を受診すると、

「河野さん、このままじゃダメですよ! ちゃんと治療しないと」

すぐカウンセリングを受け、薬を処方してもらった。治療を受けるようになってからは、眠れるようになり、食事も食べられるようになって、体重ももとに戻った。

人同士のつながりの強い地域だけに、噂を気にしたり、特別な目で見られたくない、という気持ちから、治療を受けない人も多い。

「心が弱い人」がＰＴＳＤや心の病気になるわけではない。誰でもなる可能性がある。ひとりですべてを受け止めきれるほど、人間は強くない。心のケアには時間がかかる。誰かの手を借りながら、慎重にしなければならない、通洋はそう思う。

体重は戻ったが、苦しみは続く。そんな通洋に、千秋が声をかけた。

「たったひとりになってもやり続ける覚悟があって、再建する、って決めたんでしょ？」

（いやいや、そんな覚悟、してねえな）

通洋は思ったが、千秋は続けた。

「社員の生活を守るとかいろいろ考えて、いろんなことが起こった中で、あきらめない覚悟をしたんだよね？……大丈夫、なんとかなるよ」

すっと肩の荷がおりた。

（そうか、ひとりになってもやりきる覚悟をすればいいのか……。本当にはできないけど、そんな覚悟を持てたらいいんだ）

そしてこんな時思い出すのは、今は亡き若松友廣の笑顔だ。

「迷ったら、経営理念に立ち返ればいい」

震災直後の四月一日、社員が持って来てくれた、ぼろぼろの板に書かれた経営理念。

一、私たちは、食を通して感謝する心を広げ、地域の自然と共にすこやかに暮らせる社会をつくります。
一、私たちは、和の心を持って共に学び、誠実で優しい食の匠を目指します。
一、私たちは、醤の醸造文化を進化させ伝承することで命の環を未来につないでゆきます。

あの時、通洋が何よりも嬉しかったのは、海辺で見つけた社員がすぐに「うちの理念だ」と気付いたことだ。経営理念のどこにも「八木澤商店」とは書いていない。胸に刻まれていたから気付いてくれたのだ。

かつて悩み、苦しみながら社員たちとつくった経営理念が今、大海原で迷いそうな自分を導く道しるべとなっている。

結局、吉田に退職する、と申し出た三人は、話し合いの結果、

「もう少し頑張らせてください」

と言ってくれた。

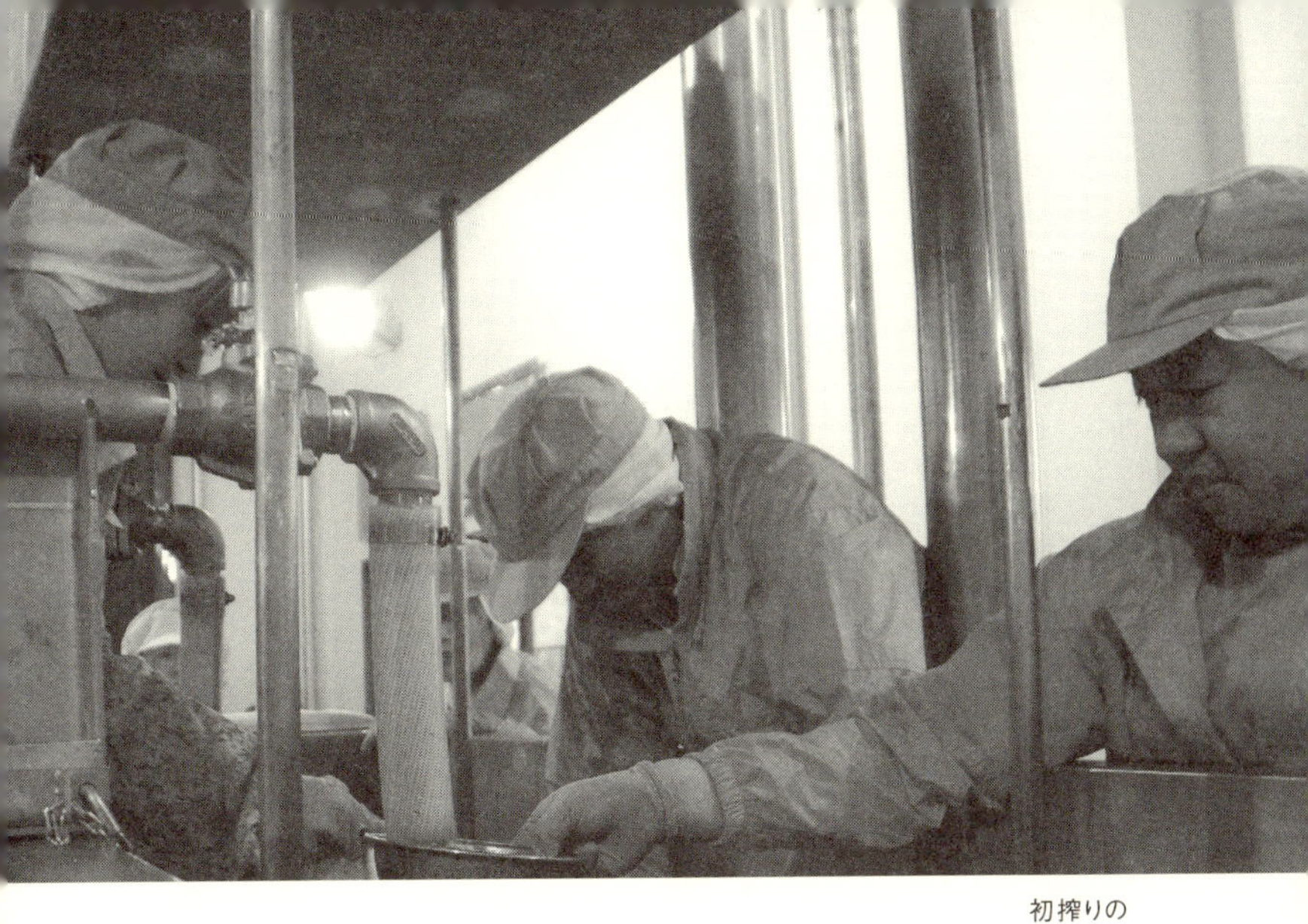

初搾りの
作業風景（上）と
出荷された
「希望の醤」（下）

第10章

希望をつなぐ初搾り

二〇一三年の春が近付いたある日、千秋が通洋にそっと声をかけた。

「何か、手伝えること、あるかな？」

高校の仕事はやりがいがあり、楽しかったので辞めたくはなかったが、疲れが見えてきた通洋の不安を取り除くことを、第一に考える時期かもしれない、と思った。

通洋は、黙ってコックリとうなずいた。

社員から、千秋を入社させてほしい、と要望を受けていた。通洋は、普段外を飛び回っていることが多く、ほとんど社内にいない。心の傷を抱えたまま働いている社員もおり、通洋の不在に不安を募らせる者もいた。

千秋は気負いがなく、いつも自然体で腹が据わっている。彼女に、自分がいない間の社内の精神的な要（かなめ）となってもらえたらありがたい……。

四月、千秋は住田高校を退職し、八木澤商店に入社した。千秋がそばで働いてくれることは、通洋の大きな支えになった。

工場のタンクに仕込んだもろみは、数ヶ月ごとに、発酵の具合を確かめるために、熟成途中のものを搾って味や香りをチェックする。

通洋は、搾った醤油を光にかざしてみた。

「きれいだなあ……」

涙ぐみながら、何度もかざしてみた。

「ああ、俺はずっと、こういう仕事をしてたんだな……」

もうすぐできあがる若い醤油は、明るいオレンジに透き通って輝いた。

二〇二三年十月二十九日　初搾りの日

新工場にもろみを仕込んで八ヶ月がたった。通洋たちは、ついに熟成したもろみを初めて搾る「初搾り」の日を迎えた。

今回搾るもろみは、新しい工場で仕込んだ、二号タンクの新しいもろみだ。

一号タンクに仕込んだ「奇跡のもろみ」は、二年間熟成させることにした。かつての看板商品「生揚醤油」復活を目指して、あと一年間寝かせる予定だ。

通洋が見守る中、製造部の社員が、タンクの中のもろみを麻の袋に入れていく。機械で力をかけて搾るのではなく、もろみの重みでゆっくり搾る、昔ながらの搾り方にこだわった。時間はかかるが、まろやかな味に仕上がる。

白い麻の袋を積み重ねると、タラタラと醤油がしみ出してきた。

搾った生の醤油は、澱（おり）を下げるため、一週間ほど静置してから「火入れ」という加熱工程を経て完成する。加熱することで酵母の働きを止め、それ以上発酵が進まないようにする。また、火入れすることによって「火香（ひが）」といい、醤油らしい芳香や味が出る。

作業を進めていくうちに、工場の中に醤油の香りが立ちこめてきた。通洋の隣に立っていた吉田智雄が言った。

「何となく、これまでずっと、この工場が借り物のような気がしてたんですけど、今日初めて醤油の匂いを嗅いで、ああ、自分たちの工場だ、という感じになりました」

通洋は何度もうなずいた。嬉しかった。

「どんな味がしますか？」

できあがった醤油の感想を聞かれた通洋は、笑いながら答える。

「フレッシュな、若々しい味、かな。私にとっては、特別なひとしずく、です」

吉田は、

（ようやく、スタート地点に立ったな）

と思った。

吉田は、すべては「人」なのだ、ということを嚙み締めていた。

通洋が震災直後に、

「八木澤商店には一番の財産の人が残った」

と言ったが、本当にそうだった、と思う。醤油をつくっている時やできた時の喜びは大きい。誇りもある。

しかし、やはり仕事はそれだけではない。今までで一番つらかったのは、仲間が辞めていったことだ。一方で、どんなにつらい思いをしても辞められない、と思うのもまた、仲間がいるからだ。それが一番だ。

人がいたからこそ、製造を再開することができた。奇跡のもろみも、新しい工場も、そこに人がいなければ無意味なのだ。

「津波の時、仲間と一緒だったから良かった、ひとりだったらどんなに不安だったか、って皆でよく話しました」

「私は肉親を失いましたが、毎日行く場所があって、仕事をすることで救われました」

社員たちは、口々にそういう。

新工場は、少しずつ落ち着き、新しい歩みを進めている。

震災後の八木澤商店の社員にとって、迷いそうな道を照らすともしびとなったのは、新入社員の存在だったかもしれない。

新沼美佐子は、新工場が陸前高田から離れたことの違和感や、葛藤は今でもある、という。だが、

「本当にしんどい時期に『自分は何のために仕事をするのかな』って迷った時、会社の建物も何もないのに入社したふたりが、まずは安心して仕事ができるように、それから会社の建物がちゃんと残って、この子たちがしっかりお給料をもらえるように、それまでは頑張ってみよう

かな、って考えました。私には若い子たちがいないと仕事の意味が半減しちゃうかな、という思いはあります。心のよりどころというか、そう考えると自分が楽だったということかもしれませんが」

という。

震災の年に入社した村上愛季は、

「激動すぎて、わけがわからなかったですけど、何もないところから会社ってこうやってできていくんだな、って思ってました。新鮮というか。

今、仕事できているのがすごいなって。あの頃から想像できないです。まだまだ途中ではあると思うんですけど。上の人たちは、本当に大変だったと思います。辞めちゃった人もいて、それはすごく寂しいです……。でもここまで来てよかった、ここに携われてよかったなっていう思いはあります。

やっぱり、みんながいてこそで、こんなに仲いい会社はないんじゃないかって、そこは自慢です」

震災の翌年、二〇一二年四月に入社した齋藤由紀は、入社してすぐ、取引先の会員制宅配会社「らでぃっしゅぼーや」に一年間出向した。らでぃっしゅぼーやは、岩手県工業技術センターが吉田知実の研修を一年間延長したのと同様に、八木澤商店の再建を、新入社員を預かる形で支援した。

一年間の出向ののち、二〇一三年四月に戻ってきた齋藤は、宣言どおり、地元の男性と結婚した。

「八木澤商店の人たちは、優しいです。ダメなことはダメってちゃんと言ってくれるけど、そうじゃない時はほわーんとしてます。醤油工場は、必ずみんなで休憩する。たいした話をするわけじゃないんだけど、わーって話をしておやつ食べて、時間になったらさっと切り替えて仕事にいく。『なにここ、いい！』って。みんなでする、ってところがすごくいいなあ、って」

阿部史恵は、娘を出産した頃のことを振り返る。

「シフトでも組んでんの？　ってくらい、必ず毎日、八木澤の誰かがうちに来て、ごはんつくって私と娘の面倒みてくれたんです」

阿部は、若くして母を亡くしている。八木澤商店の女性たちは、産後を皆で支えた。いや、支えたという意識もないくらい、それは自然なことだったのかもしれない。

若手の社員たちに対する年長者の面倒見のよさや優しさは震災後も引き継がれ、それが新しい希望になっていた。

工場を再建し、初めて搾られた醤油は、八木澤商店の新しい歴史の一ページをひらいた。一年、また一年と、年を経るごとに進化していくことだろう。

一号タンクに仕込んだ奇跡のもろみで、伝統の「生揚醤油」を再現することもできるかもしれない。

しかし、もろみは生き残ったが、流された杉桶をもう一度つくるのは簡単ではない。昔は日本中のどんな小さな村にも「桶職人」と、桶を締める「たが」を編む「たが職人」がいたものだが、今はどちらも、全国を探してもほとんど残っていない。通洋や吉田智雄には、「桶職人さんが生きているうちに、なんとか杉桶をつくりたい」

と焦る気持ちもあるが、まだ時間がかかりそうだ。吉田は言う。

「震災前に比べて、攪拌とか、労力が楽になった部分はあるんですけど、やっぱり桶の香りとかね……。奇跡のもろみが残ったのは大きいですが、造り手として面白い、杉桶もやりたい、というのはあります」

でもね、と続けた。

「やっぱり、自分たちでつくった醤油は香りが全然違います。この工場で、設備が新しいからですけど、ものすごく醤油がきれいなんですよ。雑味がないっていうか。そこは震災前よりいいなと思っています。とってもきれいな、いいお醤油が搾れているので」

大切なのは、道具だけではない。すべては、ここから始まるのだ。

初荷式（はつにしき）

二〇一三年十一月二十二日、午前十時。

時折雨がぱらつき、吐く息が白いが、時々太陽が顔をのぞかせてさっと光が射す。空は白く明るい。

紅白の垂れ幕が、工場の出荷口を取り囲むように張られている。

初めて搾った醤油は、「希望の醤」と名付けられた。

「どんなに絶望的な状況でも、希望を捨てずに生きていこう」

「まわりの人たちにとっての希望を生み出せる会社になりたい」

社員全員の想いを、ストレートにあらわした。

この工場で仕込んだ醤油が、初めての出荷を迎えた時は、必ず「初荷式」をして、この瞬間をともに祝おう……。通洋は、取引先のらでぃっしゅぼーやの社員たちと約束していた。

醤油の香りが漂う工場の中にパイプ椅子が並べられ、通洋、和義父子、この瞬間を祝うために駆けつけた人々、そして八木澤商店の社員全員が席につく。

「これより、株式会社八木澤商店の初荷式をとり行います。それに先立ちまして、先の東日本大震災におきまして、私たちは従業員、家族、地域の仲間たち、たくさんの工場関係者を失いました。この場をお借りして、ご参列の皆様と、一分間の黙禱をささげたいと思います。全員、ご起立願います。黙禱」

列席者がガタガタと椅子から立ち上がる音が響き、それから静けさに包まれる。目を閉じた人々それぞれの想いが、しんと立ちのぼる。

「河野通洋より、ご挨拶させていただきます」

胸に白い造花をつけた通洋が椅子から立ち上がって前に出ると、報道するために集まったテレビクルーや記者が、一斉にカメラを向ける。

「本日は、このようにたくさんの皆様にご列席いただき、本当にありがとうございます。震災の頃から被災地に物資の支援をいただいたり、それ以外にも、八木澤商店のことをつねづねご支援いただいていている皆様に、重ね重ね、お礼を申し上げます。

それと、何よりも、八木澤商店で一緒にこの二年八ヶ月の間に、たくさんの苦労の中、苦難の中、一緒に仕事をしてきてくれた社員の皆さんに、この場をもちまして、本当に心からお礼を申し上げます。ありがとうございました」

「苦難の中」の言葉に、深い感情がこもった。

「震災の当初は、ただ食いつなぐことに必死でした。まさかこんなに早く、ここまでこられるとは、正直思っていませんでした。皆さん、本当にありがとうございました」

通洋は、頭を下げた。和義も挨拶に立つ。

「ただ一言、感無量です。本当に、皆さんのおかげで、ここまで来ることができました」

声をつまらせた。テレビカメラのクルーの中には、撮影しながら泣いている者がいる。震災後からずっと、取材しつづけてきた人たちだ。

次に、東京から駆けつけた、らでぃっしゅぼーやの社長、緒方大助が立った。

「私は、取引先というよりも、敬愛する河野和義氏の友人としてご挨拶させていただきます。思い起こすと、二〇一一年の四月のはじめ、震災から一ヶ月足らずの時に支援物資を積んで、東京からまいりました。その時、かつて八木澤商店があった町並みを目の当たりにして、立ち尽くすと同時に、涙が止まらない。あの上品で美しい町並みが、あとかたもなく消えていました。そして、立ち尽くすと同時に二百年続いた文化がここで途絶えた、ということを覚悟いたしました。

しかし、この親子は『やりますよ。必ず八木澤商店を復活させてみせます』、そう言うんですね。不屈の闘志が、そこから見えました」

彼は、こう締めくくった。

「人知れぬたくさんのご苦労と、いくつもの奇跡があって、二年八ヶ月。今日、ここにいる皆さんが目の当たりにしたのは、この不屈の親子が、守って、そして、次の二百年に向かって文化をつなげた瞬間です。そこに、心から敬意を表します」

工場の出荷口から、箱に詰められた「希望の醤」が、列席者の手でトラックまで運ばれていく。

「うわ、けっこう重いよーコレ」

「容赦ないなあ。腰痛い」

みんな笑顔だ。

「ほら、救援物資の配達思い出して！」

「ハイ、ハイ！」

「ハイ、救援物資！」

「これ、リアル納品だから、落として割らないように！」

あちこちで笑いが起こる。見守る人も皆、表情が明るい。

さっきまでぱらついていた雨はまたあがり、「希望の醤」を積んだトラックが二台、拍手の中、工場を出発していった。

人々の渦にかこまれた、夫の和義と息子の通洋を、光枝はひとり、そっと離れた後ろのほうからながめていた。

和義が話す声が聞こえる。

「いろんなストーリーがあるけどさ、全部、ドラマなの。ひとつひとつ話してたら涙が出ちゃうからさ。だから〝感無量だね〟、その一言しか言えないんだよ」

二〇一一年三月十一日。たくさんの仲間が亡くなり、愛する町が壊滅し、二度と醤油づくりをすることはできなくなった。神も仏もない、と思った。

しかし今、工場の中が、搾りたての醤油の匂いに満ちている……。もう二度と嗅ぐことはできないと思っていたその香りに包まれたことが、光枝はなによりも嬉しかった。

「陸前高田は、真っ白なキャンバスになったの」

震災の後、光枝はこう言った。かつて、高校で美術の非常勤講師として働いていた光枝らしい表現だった。

光枝は、工場敷地の入口……かつての小学校校門からつづく坂を見下ろして、大きく息を吸った。雨が降ったり光が射したりをくりかえした空は、キラキラした粒子が満ちているようで、すがすがしかった。

見下ろした視線の先の、家々が建ちならんだあたりに、かすかに色のついた光のようなものが見えた気がした。はっとして見上げると、虹が空にかかっているのが見えた。大空をかける虹ではなく、両方の端が集落から出ているのが見えるほど小さな、しかしそれは、はっきりとした虹であった。

「真っ白になったなら、そこに新しい希望を描けばいい」

光枝は今、どこからか、そんな声が聞こえてくるような気がした。

搾られた「奇跡の醤」(上)と
河野家の子どもたちが描いた
醤油の絵(下)

第11章
奇跡の醤

無事に初荷式を終え、醤油を製造できるようになった通洋たちだったが、気がかりは、一号タンクの「奇跡のもろみ」だった。

一般的に、もろみの熟成を手助けするために、温度を調節したり、純粋培養の耐塩性乳酸菌や耐塩性酵母を別で加え、発酵を促すやり方もある。

だが、それらはせっかく受け継がれた「奇跡のもろみ」の中の乳酸菌や酵母、有用菌の働きを阻害することになりかねない。

通洋たちはもろみの力を最大限に活かすために、いっさい手を加えず、信じて見守ることにした。

仕込んでから、数ヶ月おきに社員たちと熟成具合を確認したが、何度確認しても、発酵も熟成も足りなかった。

「うーん、こんなんだったかなあ……」

工場が建って最初の正月、配管が凍って破裂して驚いたように、陸前高田と、ここ一関市大東町では気候が違う。水も違う。つくり蔵も、杉桶もない。不安要素を挙げたら、きりがなかった。

震災直後、全国のファンから送られてきた、未開封の「生揚醤油」に目をやる。

皆が希望と期待を込めて、完成を待っている。

全国のファンからの励ましは、これまでの道のりの強い支えだった。待っていてくれる人たちの期待に応えられる醤油がつくれるかどうか、いや、絶対につくらなければならない。

被災直後は、支援の意味を込めて購入してくれる人が多かったが、半年過ぎる頃から売上げは落ちていった。特に味のクレームが出て売上げを落としためんつゆは、自社製造に切り替えても、以前の水準に戻っていない。一度失った信頼を回復させることは、実に難しい。クオリティで勝負できる商品でなければ、継続して購入してもらうことはできないのだ。

生揚醤油を復活できれば、品質、ストーリーも含めて、経営の柱になることはいうまでもない。ある意味、復活できるかどうかが八木澤商店の未来を左右する。

「奇跡のもろみ」が見つかったことで、周囲からは復活できて当然と思われている。失敗は許されない。

しかし、相手は生き物だ。原料、微生物、環境、人……、人間がコントロールできる部分でどんなに努力しても、未知の領域のほうが大きい。

毎月、もろみの中身の濃さの指標となる窒素量をはかって発育状況を見ていくが、なかなか熟成が進まなかった。工業技術センターで一年間研修を延長したのち、入社した吉田知実は、大きな不安を抱えながら見守った。

完成したばかりの工場で、不慣れな機械をなんとか操りながらつくった麹は、成功とはいい難い出来だった。醤油づくりの要である麹づくりをうまく習得できてからつくり始めてもよかったのではないか……、という苦い思いもある。

機械の扱いに慣れてからでさえ、いつもと同じように作業しても、毎回同じように麴ができるわけではない。

「やっぱり生き物なんで、ちょっとでも手を抜くと、麴が思ったようにいかない時もあります。そういうところが面白くもあり、難しいところでもあります」

味噌づくりは「手前味噌」という言葉があるくらい、家庭でも手軽につくることができるが、醤油づくりは難しいといわれる。攪拌など手がかかるうえ、発酵のコントロールが難しい。雑菌に汚染されて失敗することも多いためだ。

蔵人は、清潔な環境を保つ一方で、必要な時は有用菌をうまく働かせて味や香りに特徴を出すなど、ひたすら環境を整えることに徹する。

通洋たちの想いとは裏腹に、肝心のもろみは、二年目の夏を越えても、納得のいく熟成状態にならなかった。

もろみを仕込んで半年過ぎた頃から、窒素の値はほぼ落ち着いてくる。それ以降は、味や香りといった、人の感覚でチェックする部分が大きくなってくる。しかし、官能検査をしても、誰ひとり、

「いける」

という者はいなかった。

「……正直、この状態は、あの『生揚』と全然違う」

「本当にこれでいぐのか?」

　重苦しい空気が漂った。

　もろみは発酵が進むにつれ、アミノ酸と糖分が反応して色素がつくられ、だんだん色が濃くなっていく。発酵状態を確認しながら、搾る日を決める。

　吉田たちは、一年半くらいで出したい、と二〇一四年の夏を搾りの目安にしていたが、出せる状態にはなっていなかった。

　夏が過ぎ、秋を迎えたが、

「まだ原料臭がする。若過ぎるんじゃないか」

　原料臭がする、というのは麹の匂いがする、という意味だ。麹菌は、原料の大豆や小麦のタンパク質を分解する役割を担っている。分解が終わると死滅してしまい、乳酸菌や酵母にバトンタッチするので、普通、もろみを仕込んで数ヶ月で麹菌はいなくなる。

　乳酸菌や酵母は、麹菌が分解したタンパク質をさらに乳酸発酵したり、アルコール発酵したりすることで、アミノ酸や、さまざまな旨味や香りの成分をつくりだしていく。

　アルコール発酵が盛んになると、炭酸ガスが発生するので、もろみは、
　プツ、プツ、プツ……

　つぶやくような音をたてるのだ。

　しかし、いまだに麹の匂いがするということは、まだ麹菌が残っているかもしれないという

ことであり、したがって乳酸菌や酵母もきちんと働いておらず、乳酸発酵やアルコール発酵もうまくいっていない、ということになる。

通常、原料臭が残るもろみは商品化できる品質ではないので、搾らずに捨ててしまう。だが、これは皆の期待がかかった「奇跡のもろみ」だ。簡単にあきらめるわけにはいかない。そうはいっても、もろみが最大限に力を発揮できるように、できるかぎりのことはしてきた。見守る以外、これ以上自分たちの手でできることはない……。

そんな中で唯一の希望といってもいいのが、もろみのアルコール濃度だった。原料臭はするものの、アルコール濃度をはかると、三パーセントをゆうに超えていた。醤油のもろみは、アルコール度数が三パーセントを超えることが熟成の目標とされる。

数値だけを信じるなら、なぜかアルコール発酵はうまくいっているようなので、それを頼りに搾ってみるか……、と搾ることを決断した。

二〇一四年十月八日　不安の中での搾り作業

朝の光が差し込む醤油工場の中で、もろみが麻袋に充塡(じゅうてん)されていく。

作業を見守る通洋の表情は厳しい。不安が重苦しくのしかかる。社員たちも、緊張した面持ちで、もくもくと作業している。

「工場に入った時からぷんぷんと、こんないい香りがしたのは、俺も長年やってきたけど、初めてだな」

工場に入った和義が声をかけた。

「うーん、『丸むらさき』もこんなもんでしたよ。わからないですよ……」

険しい顔で、通洋は言葉少なに答える。丸むらさきとは、「希望の醤」のことだ。「希望の醤」は初回出荷限定の商品名で、初回以降は丸むらさきという名前になっている。

「あれ、今回マスコミ、少ないね……声かけなかったの」

「かけてないです」

正直、「生揚醤油」を復活させる自信がまったくない。

奇跡のもろみの初搾りを待ち望んでいる記者や、カメラマンの顔が浮かび、申し訳ない気持ちが募ったが、できるかぎり取材を避け、ひっそりと済ませたかった。

「アルコール、ムハムハだね。匂い嗅いでると、酔っちゃいそうだ」

通洋はにこりともせず言い、あとは無言だ。いつもよくしゃべり、周囲にエネルギーをふりまく通洋だが、今日は緊張のあまり、近寄りがたい殺気まで漂わせている。

そこにいる者も、誰も口を開かない。

「あと、今日の分これくらいかな」

吉田智雄とも、短い作業確認の言葉を交わすのみだ。吉田の表情も硬い。

静まり返った工場の中で、タンクからつないだチューブからもろみが充填されるウィーン、チャプチャプという音、社員たちが麻袋を運び、長靴で歩き回る音が反響している。

奇跡のもろみを入れた麻袋が積み上げられ、作業を続けるうちに、醤油がタラタラとしみ出してきた。

通洋は、小さなおちょこに醤油を受け、口に含んだ。

（ダメだ、これは生揚の味じゃない……）

「どうですか？」

聞かれてとっさに出た答えは、

「うん、えーと、早く分析にかけて、丸むらさきと比べてみたいっすね」

という、あまりにも正直なものだった。

一台だけ、取材に来ていたテレビカメラに向かって何も言わないわけにもいかず、冷や汗をかきながら話した。

「…うん、……うん、……安心しました。なんというか……、香りや風味が複雑で、いい意味での雑味がある。うーん、不思議ですね……。去年搾った醤油には、こういうのはなかった。従来こうなんだ、っていう味ですね。火入れしたらどうなるか楽しみです」

（複雑な表情、バッチリ映されちゃったなあ）

「いやー……、話すのは苦手で、ほら、こんなに」

握りしめていた手のひらは、びっしょり濡れていた。これ以上、奇跡のもろみについては触れられたくない。通洋は、足早にカメラの前を去った。

＊

初搾りから一週間の澱下げ後、「奇跡の醤」と名付けられた醤油の火入れ作業が行われた。

今回は、八〇℃で約十分間加熱した。加熱する温度や時間は、搾った醤油の状態を慎重に見ながら調節する。

通洋たちは、火入れが終わった「奇跡の醤」を、震災後にファンから送られ、ずっと大切に保存してきた「生揚醤油」と比較する「利き比べ」をした。

「あれ」

通洋は思わず声を上げた。

「んー？　いけるんじゃないの？」

「不思議ですね、火入れしたら、生揚と同じ味になった」

味や香りをチェックした社員たちも、口々にいった。

確かに香り高く、濃厚でまろやかな、あの生揚醤油の味だ。通洋もうなずく。今までの心配は何だったのか、と思うような、満足のいく味だった。

震災前、もろみを仕込んでいたのは杉桶だった。杉桶に比べ、タンクは密閉性が高いので匂いが揮発(きはつ)しにくく、そのせいで原料臭がすると感じたのかもしれない。また、あまりにも不安が大きかったために、これは違う、違うと思い込んでいた部分があったのかもしれない。

「奇跡のもろみ」の中の微生物たちもまた、通洋たちと一緒に、これまでと異なる環境の中で、必死に醤油をつくってくれていたのだろう。彼らを敬い、大切にしてきた先代の人々の気持ちがわかる気がした。

微生物たちに意志がある、とまでは思わないし、目に見えないものを見えるようにするために、もろみの成分を分析し、数値化することを心がけてきた。

それでも、数値や現象だけで説明しきれるものばかりではない、と感じることはある。それを言葉にしたり、うたい文句にしたりすると胡散(うさん)臭くなるから、自分で信じている分にはいいか、と思っている。

言葉を交わすことはできないが、通洋は、ともに震災を乗り越え、歩んできてくれた微生物たちに、ありがとうございます、と胸の中で手を合わせた。

「経営ももちろん大事だけど、でも、そんなことより何より、この味を復活できたことが、一番価値のある財産ね」

利き比べに立ち会った光枝は、万感の想いを込めていった。

深くうなずきながら、しかしそれでも、通洋はまだ安心できなかった。

利き比べは、どちらが昔の生揚醤油で、どちらが奇跡の醤かわからないようにして行った。でも、もしかしたら、自分たちは奇跡のもろみを入れた醤油だ、という先入観があるから、それに引っ張られて「この味だ」と思っているだけかもしれない。

本当に生揚の味が再現できているといえるのか……、まだ、確信は持てなかった。

甦(よみがえ)った伝統の味

いつもと同じ、ある日の夕方。千秋は、バタバタと夕食の準備をしていた。仕事で忙しい通洋はまだ帰っていない。

薄切りの牛肉をバターで焼き、仕上げにさっと醤油をかけた定番のおかずは、子どもたちの大好物だ。

「いただきます」

にぎやかにおかずを口に運ぶ子どもたち。

「……生揚に変えた?」

不意に聞かれ、千秋は一瞬面食らった。

「生揚？」

震災前、このメニューの時は必ず生揚醤油を使っていた。震災の後は、別の醤油を使うしかなかったが、千秋は、

「まあ、生揚じゃなくても、それなりにおいしくできるな」

と思って食べていた。

そういえば、今日はたまたま出来上がったばかりの「奇跡の醤」を使った。でも、彼らは奇跡の醤が初搾りを迎えたことを知らない。

震災の時小学生だった通明は、中学三年生になっていた。ひょろりと身長が伸び、もう、父の背丈を追い越した。

「使ったの、生揚じゃないんだけどね、なんでそう思ったの？」

千秋は聞いた。

「うーん、よくわかんないけど、生揚の味だって思った」

次男の義継、長女の千乃もうなずいている。

震災の後、子どもたちは、お世話になった人々へお礼の絵はがきを描いた。

「やぎさわさいこう！　めっちゃやせかい一うまい！」

「いよっ、日本一！」

子どもたちは、そんな言葉とともに生揚醤油の絵を描いた。

生まれた時から八木澤商店の味を体にしみこませて育っている子どもたちは、生揚醤油の一番のファンだった。震災後も、全国から送られてきた「生揚醤油」を、何かの記念日の時だけ開けて大切に食べていたので、舌の記憶は確かなはずだ。

その子どもたちが「生揚だ」といったのは、生揚醤油の味を再現できたという、何よりの証明ではないか……？

翌朝、千秋の話を聞いた通洋は、

「よっしゃあッ！」

思わず立ち上がってガッツポーズした。

伝統の味が、甦った。

*

奇跡のもろみの搾りを迎え、通洋は福井県に旅立った。震災後からずっと支援を続けてくれた河原(こうばら)酢造に挨拶するためだ。

河原酢造は、いまだにつゆやたれの原料酢を、無償提供しつづけてくれていた。

「もう、醤油がつくれるようになったから大丈夫です」

これまで、何度通洋が言っても、

「いや、河野さん、まだいけない。まだまだ再建したとはいえないよ」

頑として、原料代を受け取らなかった。

奇跡の醤ができたことを報告し、やっと、無償提供終了を承諾してもらった。

酢は、醤油と同じく醸造食品で、酒を発酵させてつくる。機械で空気を入れながら速醸すると、六時間で酢になるが、河原酢造の酢は、国産の有機栽培米、特別栽培米を原料として酒造りをし、それを静置発酵という製法で酢にする。静置発酵とは、自然の対流にまかせて発酵・熟成させる昔ながらの製法で、酢ができるまでに三ヶ月かかる。

「いい原料を使って、時間をかけて丁寧につくったお酢なんです。河原さんて、決して大きい会社じゃないんですよ。それでもずっと無償提供を続けてくださって……、本当に、ありがたいことですよね……」

通洋は、しみじみという。

まだ一部残っていたOEM（製造委託販売）も、二〇一五年春には完全に終了する。

八木澤商店の醤油や味噌、もろみを使った新製品の開発も順調だ。ウィンナーや肉味噌のほかに、醤油ソフト、みそチーズケーキなどのスイーツを開発した。中でも「みそパンデロウ」は二〇一三年度の岩手県ふるさと食品コンクールで最優秀賞を受賞し、なかなか手に入らないほどの人気だ。

新商品の開発を担っているのは加藤千晶だ。加藤は、本社のキッチンで試作を繰り返している。なにしろ古い旅館を改造した建物なので、キッチンも、すりガラスに古めかしいガス台、木製の引棚で「昭和の台所」といったほうがしっくりくる。

加藤千晶は、震災に遭った時、入社二年目だった。宮城県の実家は無事だったので、震災後五日目に戻り、しばらくそこで生活していた。その頃のことを、加藤はこう語る。

「実家にいても、生きているっていう実感がなかったんです。ふわふわしてて、現実感がない。

高田の状況を目の当たりにして、そのギャップがすごくて。そのまま実家で生活していけないことはなかったんですが、高田に対する自分自身の時間が止まってしまったという感覚があったんです。それで、何かできないかな、戻りたいなっていう気持ちが強くなって、五月になってから戻ってきました」

加藤は、陸前高田市役所に勤めていた、親しい友人を亡くした。

「みんなが前を向いていることに、自分自身が光を求めた、生きるという希望を持ちたかった、そこにすがりたかったのかもしれません。

私たちは皆でものをつくって『一緒に生きている』という感じです。ただ仕事、というだけじゃない。本気でぶつかるけど、それが強いです。高田の町が、会社の中に小さくできているみたい。この地域に残ってみたいと思ったのは、それを感じたのもあります。生きるということの、大事な部分がここにはある、って。

みんな、葛藤は思い切りあります。きれいごとだけじゃなくて、いろんな思いがぶつかりあってる。辞めていった人たちも、いろんなものを抱えてたんだと思います。でも、離れてもやっぱり八木澤商店を気にかけてくれてて、同じ職場にいなくても、別の部分で、今もつながりがあります」

真摯な眼差しで言葉を選ぶ加藤は、ようやく最近になって、現実と向き合えるようになり、落ち着いてきたと語る。

震災で止まっていた時計の針は、少しずつ、前へ進み始めた。

奇跡のもろみは、さらに次世代へ受け継ぐため、一号タンクから二〇〇キロ抜き取り、新たなもろみとともに、次のタンクに仕込んである。

「今回は、前のより、麴がうまくつくれました。震災前の八木澤の醬油って、もっと品質的に良かったと思うので、まずは追いついて、そこからもっと良いものにする、っていつも思ってます」

吉田知実は、静かに情熱を語った。

「八木澤のみんな……、明るいっていうか、うん。頑張ってるし、自分は盛岡で震災受けたんですけど、みんなは打ちのめされたり、家族失ったりっていう人もいるんで、うん。表に出さないだけで、それでも明るくしてる。みんながすごい頑張ってるんだな、って」

とつとつと紡ぐ言葉に、仲間への思いがにじむ。

工場は、少しずつ、いい方向に回り始めているようだ。あるベテラン社員は言う。

「智雄さんだから、みんな付いていくんだと思います。あの人じゃないとできないと思います。人のいいところ褒めて、動かすのが上手。みんな、優しいですよ。私のこと、年だから重いもの持っちゃダメ、って気遣ってくれてね。居心地いいです」

吉田智雄は、うーん、まだまだ課題はありますけど、と言いながら、

「工場もだいぶ落ち着いてきたかな。やっぱり、希望の醤の時はなんとなく、ああやっとスタートだなっていう感じでしたけど、二年ものの、震災前の生揚醤油じゃないですけど、そういうお醤油ができて、やっと自分たちの自慢できる、ほんとに体にもいい、おいしいお醤油がお客さんとこいって。『ああやっと、待ってました』って言われたのが、やっぱ一番ですね。これまでで一番、嬉しかったです」

芯から嬉しそうに、そう言って笑った。

箱根山テラス（上）とかさ上げ造成が進む陸前高田（下）

第12章　地上を行く船

二〇一五年　春

河野通洋は、小高い山の上にある、広々としたテラスから、広田湾を見下ろしていた。穏やかな海だ。

今年も、広田湾のおいしいワカメを食べることができた。ぷっくり育った牡蠣も、出荷された。三陸の海のゆりかごは、再び海の幸を育てている。

「また予約入ってます。箱根山テラスも、本格的になってきましたねえ」

通洋に声をかけたのは、阿部史恵だ。津波の時、とっさに持って逃げたカメラで、一部始終を撮影したあの日から、四年がたった。

目の前の建物は、「箱根山テラス」。宿泊設備を持つ、研修施設だ。

阿部は、八木澤商店を退職後、一年間休養したのち、ここで働き始めた。出産のため、休みに入った「ソシオ エンジン・アソシエイツ」の中野里美の後任だ。

中野里美は、二〇一四年春、男の子を出産した。赤ちゃんの名前は「陸太(りくた)」。陸前高田と、南三陸町の「陸」から付けた。

「やだ中野さん、冗談で言ってたのに、ほんとに陸太にしちゃったの?」

「ホントこの人、おかしいよなー」

スタッフは大笑いした。

二〇一四年秋に完成した箱根山テラスは、なつかしい未来創造株式会社の事業のひとつだ。大きくなくていい。地元のものを使って、みんなが生き生きと暮らせるような小さな仕事を、たくさんつくりたい。派手じゃないけどみんなが幸せに暮らしている、とうらやましがられるような町にしたい。百年後、二百年後の、未来の子どもたちのために。「箱根山テラス」は、そんなコンセプトの「地域で循環する、小さな仕事」をつくる人たちが研修できるように、とつくられた。

建物は、「木と人をいかす」をテーマに、〝復興への長い道行きを渡る船〟をイメージしたデザインで、船のデッキのような広いテラスが人気だ。

ここからは、箱根山の樹々に縁どられた広田湾が望める。被災した沿岸部が視界に入らないこともあってか、県外だけでなく地元の人も多く訪れる。

「震災の後、こんなふうに星空を眺めたこと、あっだ?」

夜、皆で満天の星を眺める。カフェやバーになるダイニングには、ペレットストーブが暖かく燃え、じっと火を眺めて過ごす人もいる。

「なつかしい未来創造株式会社」設立から関わり、阿部とともに箱根山テラスで働く吉田司は言う。

「今、『生きてること』が楽しいです。自分は震災で生き方がガラッと変わったので……。そりゃ、疲れる時もありますよ。でも、苦しむことも、悩むことも、生きてなきゃ、味わえないじゃないですか」

＊

「いやー、お前たちが奇跡の醤を生揚の味だっていった時、おじいちゃんほんと、嬉しかったなあ」

朝の光が差し込む部屋で、ネクタイを締めながら和義は孫たちに目を細める。

「けどなー、テレビで『古い蔵が立派な町ですねー』とかいってどっかが紹介されてるの見ると悔しいんだよなあ。『今泉はこんなもんじゃない、もっとすごかったんだぞ』って」

「あー、それはオレも思う思う！」

通洋の長男、通明が答える。

一関市大東町に住む通洋一家の三人の子どもたちは、もとの陸前高田市の学校に通うため、毎朝、通洋夫婦が車で和義の自宅まで送り、その後和義夫婦が手分けして、それぞれの学校まで送迎している。

通明は進学のため、この春中学を卒業して故郷を離れ、寮生活を送ることが決まっている。

「入寮した次の土日に帰ってくるとか言ってるけど、たぶん帰ってこないと思う。あの子、大丈夫だと思う」

千秋は言う。通洋も、

「通明は仲間を大切にできる。それさえあれば、どこに行ってもやっていける」

と心配していない。通明は、

「今泉の復興計画に参加したい。今泉をできるかぎり、元通りに復元してほしい」

と言っている。

震災前、子どもたちは、夏は毎日のように気仙川や広田湾で泳ぎ、水晶拾いをしたり、ウナギやフグ、エビを釣ったりした。

子どもたちは、山でもよく遊び、今泉の木挽き、佐藤直志から、山の作法やしきたりを教わった。

営々と受け継がれてきた智恵をもつ佐藤直志のような年配者は、地域で尊敬されてきた。

千秋は、息子たちが自分で竹を採ってきて水筒をつくり、それにジャーッと湧き水をくんで腰に差して山に入り、山菜を採ったり、食べられる草やキノコを教えてくれるのを、

「探検、いっぱいしてきたんだなあ」

感心しながら見守っていた。

ドロケイをするとなったら、範囲は今泉の町全部。子どもたちは、古い町並みを縦横無尽に駆け回った。

津波に襲われたその日まで続いていた、輝くような気仙町今泉の日々が、今でも通明の胸に刻まれているのだろう。彼には故郷への強い思いと、叶えたい夢がある。どんな道を選んでもいい、と通洋は思っている。

しかし、子どもたちが負った心の傷は、震災後数年たってから、さまざまな形で出てきている。

「震災で親をなくした子が、荒れてきてるっていう話があるんですよね」

通洋は、やりきれない、という表情でいう。

同じ学校に通っていても、今はそれぞれ、仮設住宅や少し離れた高台にバラバラに住んでいて、昔のように友達と自由に遊ぶことができない。

震災後に入学した子どもたちは、「校庭」という言葉を知らないのだという。校庭には仮設住宅が建っているからだ。

運動会は、仮設住宅の脇のわずかなスペースで競技する。仮設住宅のお年寄りが「頑張れー」と拍手して声援を送る。その一方、閉会式で、

「最後、自分たちの校庭で、思いっきり運動会がしたかったです」

という児童の言葉に、今度はお年寄りが「ごめんねぇ」と泣く。そんな光景がある。

仮設住宅は狭いだけでなく、結露が発生し、すきま風もひどい。子どもたちにグラウンドを返すためにも、仮設住宅を取り壊して、災害公営住宅へ転居する動きが進んでいる。

しかし同時に、これまで玄関に鍵をかけたことさえなかったお年寄りが、災害公営住宅のオートロックに戸惑ったり、孤立化していくという問題が出てきている。仮設住宅の暮らしは、昔の長屋の感覚に近く、支え合って暮らしていた側面があった。仮設から離れたくない、という人もいる。移転は、新たな問題をはらんでいる。

子どもたちは、思い切り遊べる場所が少ない、自由に行き来できない、などさまざまな要因が背景にあるのだろう。しょっちゅうもめごとが起こり、教室が落ち着かない。不登校の子も増えているという。

千秋も、我が子が学校に行きたがらない時など、対処に悩むことがある。

「でも、ある時、津波で子どもを亡くしたお母さんに、いわれたんです……。『子どもがいなくなっちゃったら、悩むこともできないんだよ……』って。だから、ああ、悩みは悩みじゃないんだな、って……」

その母親は、一緒にいた就学前の幼い我が子三人を、目の前で失ったのだと、千秋は鼻をすすりながらいう。

佐藤直志や和義の口から時々、

「津波のおかげで」

という言葉が出ることがある。津波を経て出会った人や優しさなど、与えられたものも大きいという意味なのだが、通洋は、

「自分はまだまだ、おそらくずっと、そういう心境にはなれない」

という。一家全滅した人や、家族でただひとり生き残った人がいる。苛烈な経験を誰にも話せず、胸に畳んだままの人がたくさんいる。

心の傷がいつ癒えるのかは誰にもわからない。でも、負けたくない。

二〇一五年　秋

陸前高田は、土地全体をかさ上げする造成工事の最中だ。周囲の山を切り崩してできた大量の土砂を、巨大なベルトコンベアでいっきに運び、造成する。かさ上げは、高いところで一四メートルになる。

十月、山から土砂を運ぶ作業が一段落し、ベルトコンベアの解体が始まった。

約一年半で、山から東京ドーム四杯分、約五〇四万立方メートルの土砂を運んだ。一〇トントラックなら九年かかるといわれた工程だ。

この工事によって、かろうじて遺構として残されていた八木澤商店の鉄筋コンクリートの麴室も、撤去されることになる。

震災の後は、わずかに残されたこうした遺構や通りがランドマークとなり、往時の町の面影を偲ぶことができたが、それらもすべてなくなる。

気仙町に九百年伝わる祭り「けんか七夕」は、震災直後から、八木澤商店の遺構を目印に開催されてきた。

山車は、四基のうち三基が津波で流された。残った一基は、古くなって引退し、山の上に保存してあったものだ。

震災の年は、直後に祭りなんて、という声もあったが、青年たちを中心に、仮設住宅の集会所に集まって山車の紙飾り「麻布」をつくったり、藤づるを切り出したりして祭りの準備をした。

和義は、自分の「会長半纏」ががれきの下から見つかったことを知らされ、

「ああ、神さまが祭りをやれ、と言ってるんだな」

と感じたという。

「けんか七夕の太鼓の音色、山車のつくり方は、すべて口伝で伝えられてきたんだ。だから、津波で流されたから今年はやめよう、ってやめたら、九百年の伝統がここで途絶えちゃうんだよ」

町内会は解散してしまったが、仮設住宅や高台に離れ離れに暮らす気仙町の人々はその後毎年、祭りのために集まり、開催を続けてきた。

祭りの準備は過酷だ。祭りが近付けば深夜まで、当日終わった後も遅くまで片付けに残る。

それでも、やらずにはいられない。

九百年にわたって気仙町のコミュニティを結びつけてきた力のひとつが、けんか七夕だったのだろうか。

「一基だけじゃケンカできない。来年はもう一基つくって、ケンカさせよう！」

和義が叫んだとおり、津波の翌年からはもう一基新調し、ぶつけ合いをさせることができた。

しかし、津波の時残った一基は、もともと老朽化していたため、二〇一六年のけんか七夕を開催するためには、もう一基新調しなければならない。さらに、二〇一六年からの数年間は造成工事のため、八木澤商店前の八日町通りの大部分が立ち入り禁止になる。

「しばらくは、開催できなくなるかもしれない」

二〇一五年のけんか七夕では、覚悟を胸に臨んだ者も少なくなかった。

代わりになる場所はあるのか。どうやって山車を新調する資金を集めるか。人手は足りるのか……。越えなければならない壁は少なくないが、和義は、

「山車を飾るだけでも、必ず続けよう、って話してるの」

という。

＊

阿部史恵は、震災で壊滅し、更地となっていた町が、さらに見る影もなくなっていくのを目の当たりにすると、何とも表現できない気持ちになる。

復興工事が進むにつれ、体のあちこちにかけらのようにくっつき、染み付いていた町の記憶がはがれ落ちていく。

ああ、亡くなったあの人やあの人と、あそこでこんなことがあったな、こんなことしたな、と思う。けれど、それがぐちゃぐちゃにされていくのを見ると、自分自身がバラバラになっていく感覚を味わう。自分はこれからどうなってしまうのか……。

周囲にも同じ感覚を持つ人が多いらしく、会いたい人に会っておきたい、と急に出かけて行ったり、自分のルーツを探す旅に出たりする人がいた。

最近、箱根山テラスで、かつて八木澤商店があった気仙町今泉地区の人たちによる新しい町づくりの話し合いがあった。意見のぶつかりあいもあるが、人々の思いは熱い。

通洋はこう考えている。

「目先のことにとらわれるべきじゃない。時間がかかっても、小さなところからでも、『本物』をやり続けていけば、何百年先でも、必ずそこに人は訪れるようになる」

地元の木材を使った建物を建て、数百年単位で「村」づくりを考えよう。大きくなくていいのだ。人同士のぬくもりが感じられる「村」がいい。

陸前高田には、先祖代々受け継がれてきた山々があり、気仙杉をはじめとした良質な木材がたくさんとれる。

自分たちで米や野菜をつくり、山のもの、海のものが物々交換で手に入る。多くの金がなくても、豊かに暮らしてきた。

通洋は震災前、地域の年配者に、

「通洋、本当の限界集落っていうのはな、何も生み出せない都会のことだ」

と言われたことがある。通洋が、陸前高田の豊かさに気付いたのは、こうした教えが大きかった。

今泉の木挽き、佐藤直志や仲間たちはがれきを取り除きながら田植えをし、ソバの種を蒔いた。自分の力で生きていくための営みを止めなかった彼らの姿は、被災した人々の間で、静かな尊敬を集めた。

食料とエネルギーの地産地消。そんなことができる場所に、人は自然に集まってくるのではないか……。それが新しいまちづくりの核になるだろう。通洋たちは、そのための勉強を重ねている。

＊

「あれからの五年はほんと、あっという間……、もう怒濤の日々、ですね」

奇跡のもろみを発見した及川和志は、水産技術センターから異動になり、一年半前から盛岡にいる。及川は、震災後、盛岡に異動になるまでの三年間、主にワカメ農家の支援をして過ごした。

養殖業の中で、もっとも早く収穫できるのがワカメだ。秋に種を植えれば、翌春には採れる。水産業のなりわい復興のためできるだけ早く、と二〇一一年秋に種を植え、加工もできるよう、漁協や県漁連を指導して回った。

八木澤商店との関わりは、「奇跡のもろみ」を返した後は見守りに徹した。

「それ以上、自分に何もできないことはわかってましたから。本当にご無沙汰しちゃってるんで、あいつどっか行っちゃったかな、って思われてるかもしれないですけどね」

会社には、その時の状況や判断がある。もろみを見つけたからといって、口をはさんだり、押し付けがましいことをしたくない、という思いがあったという。

「八木澤さんなら、きっといい方向に役立ててくれるだろう、とは思ってましたけどね」

及川が、商品化したばかりの「奇跡の醤」を見つけたのは、二〇一四年十一月のことだ。

「高速で車運転していて、ちょっと眠くなったなあと思って、二戸（にのへ）の近くに折爪（おりづめ）というサービスエリアがあるんですよ。そこの売店にふらっと寄ったんです。

　そしたら置いててね。三本か四本くらいしかなかったんだけど、すぐ二本買って、あとはなんにも買わないで出てきました」

　及川は微笑（ほほえ）んだ。

「家で、刺身と一緒にいただきました。確か、社長のお子さんがうちの醤油だ、って言った話を何かで見て、ああ、やっぱりなあと思って……。そういう意味でも嬉しかったですね。やー、奇跡だなあと思って。

　なかなかもったいなくて使えない。だからまだ、一本とってあります。その後また見つけた時に追加で買って、実家にも一本持っていきました。

　僕は釣りが好きで。震災の後に釣りなんて、って思われるかもしれないですけど、沿岸の釣り船の船長さんたちも被災してて大変なので、機会あれば乗ってるんですよね。まあ自分も遊び半分なんですけど、顔見せることで船長さんたち元気になるので、よく行ってるんですよ。

　奇跡の醤を見つけたのも確か、北のほうの船に乗ってて、その帰りだったと思います。

　最近スーパー行っても、八木澤さんの商品が並んでるんで、あ、八木澤さんの醤油あるな、よかったな、って。嬉しいですね。ずっと気にかけてますね」

　震災後を海に生きる人とともに歩いた、誠実な技術者の姿だった。

そこで及川は少し真剣な眼差しになった。

「会社の経営っていうのはやっぱり、われわれが考える以上に大変なんだと思います。試練もたくさんあるんじゃないかな。でもそこを越えればきっと、新しいものづくりが見えてくるんだと思うので。たぶんここ五年。あと五年ぐらいは厳しいところ続くのかな、と思うけどね。奇跡の醤も、熟成が進んでくればもっとこう、味も深くなってくるでしょう。まだまだ、これからなんだと思います。

試練もあるでしょうけど、またいいものをつくってくださるんじゃないかなと思ってます」

自分はほんとにもう、ヘッポコな人間なんで、とおどけて付け加えた後、中空を見やり、噛み締めるようにゆっくりと回想した。

「もろみを探した時の気持ち……、忘れちゃだめですね。うーん。忘れていくんだね……、忘れちゃだめなんだよ……」

海の青、空の青

津波の時避難した、裏山の神社に登ると、かつて陸前高田の町並みがあったあたりが、海まで一面に見渡せる。

通洋は、時々ここに来る。

真下の今泉地区には黄色と黒の「立ち入り禁止」の柵が並び、黄土色の盛り土の中を、かさ上げ造成工事のためのトラックやクレーン車が動き回っている。

視界の右手、広田湾のほうに目を向けると、建設中の気仙川水門や防潮堤が見える。水門の完成は工期がずれ込み、二〇一九年末までかかる予定だ。

土砂運搬用の巨大ベルトコンベアはほぼ撤去され、最後まで残っていた「希望のかけ橋」と呼ばれる吊り橋部分も、解体が進んでいる。

もうじき八木澤商店の跡地周辺にも土が盛られ、わずかに残っていた痕跡も、土の下に消えていく。

これからも、こうして姿を変えていく故郷を見続けるのだろう。

もう、あの美しい町並みの面影は、どこにもない。

おらぁやっぱり　ここがいい
大津波で全部なぐなっても
地震でぼっこっされでも
やっぱこの街が好ぎだ

やっぱこごに居だい
こごぁ一番だ
二度と同じけしぎぁ見れねぁども
二度と同じ建物ぁただねぁべども
おらどの目にぁしっかり焼ぎついでいる
わっせるごどねぁ　あの景色
おらどの街
やっぱりこごがいい

岩手県中小企業家同友会気仙支部の副支部長、熊谷千洋が書いた詩だ。

通洋の気持ちも同じだ。あのふるさとの町並みが、自分の記憶の中にしか残らないのは切ない。

「お天道さまには、かなわない」

わかっているけれど、悔しい気持ちは、この先も消えることはないだろう。

復興への長い航路は続く。これまでの道のりの中で、何度、自分以外の人がやったほうが良かったのではないかと思ったかわからない。後悔の連続だった。

でも、人々の表情がホッとしたものに変わる瞬間瞬間に立ち会えたこと、それが何よりも嬉しかった。

何年かかるかわからないが、自分たちの手でもう一度、新しいふるさとをつくるのだ。

訪れた人が、なんだかみんなが幸せそうな、いい町だね、こんな町を自分もつくりたい、と思うような町を。

「……こっからだ」

見上げた空は広く、青かった。通洋はうん、とうなずくと、山をおりていった。

津波で壊滅した町。奪われたたくさんの命。しかし新しい出会いがあり、生まれてくる命がある。前を向いて歩き続ける人たちがいる。

どんな巨大な力も、人々の心の中にある、希望の種まで奪うことはできなかった。

今日も気仙川は流れている。かつて両岸にあった町はなくなり、今は誰ひとり、そばに住む者はない。それでも、川は空の色を映し、ゆったりと広田湾に続いている。

（付記）

詩「やっぱりここがいい」熊谷千洋氏、『未来へ伝えたい陸前高田　保存版写真集』（タクミ印刷有限会社）より。

エピローグ

二〇一六年　八月

夕闇が迫る中、白やピンク、赤……、美しい飾りに覆われた山車に灯(あか)りがともった。

老朽化した山車に代えて、新調した山車だ。昨冬、佐藤直志が山で「かじ棒」と呼ばれる、ぶつけ合いの支柱となる木を伐り出し、それから皆で制作を続けてきた。

周囲は、どこまでも夏草が茂る盛り土で、往時のにぎわいを偲ばせるものは何もない。

盛り土の間から、造成工事に使われているパワーショベルやクレーン車が見え隠れする。かさ上げ工事が終了するまでの数年間は、陸前高田の多くの地域が立ち入り禁止になる。

九百年の間、けんか七夕が開催されてきた今泉地区の造成工事が完了するのは、三年後の予定だ。

「二〇一六年からの数年間は、山車を飾るだけになるかもしれない」

と懸念されていたけんか七夕は、しかし今年も開催された。

約四年半の取材の終わりに、私は、河野千秋、阿部史恵と並んで、その様子を見守っていた。

河野通洋は、会場から少し離れた八木澤商店一本松店にテントを出し、フランクフルトを焼いている。

二〇一六年の開催場所は、今泉地区の対岸に決まった。直前まで調整が続き、どこで開催できるかわからなかったが、昨年の秋から集まって準備を重ねてきた人々にとって「飾るだけ」という選択肢はありえなかったのだろう。

「ねえママ、写真撮って！」

千秋の娘、千乃と阿部の娘のひかりが、はじけるような笑顔でポーズをとる。同い年で、幼い頃から一緒に育ったふたりは、今も仲良しだ。

「あの時、小学一年だったのにね。もう中学生になったなんて」

阿部はしみじみと言う。

「通明？　今、夏休みで帰ってきてます。義継と一緒にどっか、あの太鼓のあたりにいるんじゃないかな」

千秋は熱気の渦を指さした。

午後七時。「けんか」、山車のぶつけ合いが始まった。

人々が引き綱を引き、山車同士を思い切りぶつけ合う。エネルギーが爆発する。

ぶつかった瞬間、空気を震わせて衝撃が伝わり、間近で見ていた観客から悲鳴とも歓声ともつかぬ声が上がった。

山車の中で、上半身裸の若者たちが汗を飛び散らせながら太鼓を轟かせ、そばで娘たちが横笛を吹く。ピヨピヨヒョロロロ、山車を曳き回している時とは違う、緊迫感のある調べが華を添える。

山車の屋根に乗った若者たちが細い竹で激しく打ち合い、飾りの麻布が、色とりどりにヒラヒラと散ってくる。

「ヨイヤサ　ヨイヤサ！」

最後のぶつけ合いが終わっても、若者たちは止まらない。

「はい、やめー！」

司会が声をかけても、

「ヨイヤサ　ヨイヤサ‼」

山車の屋根からかけ声をかけ、激しく山車を揺らし続ける。太鼓も、笛も、演奏を止めない。

「はーい、やめー、おわりー！」

静かになった観衆の中で、かけ声と太鼓、笛の音だけが続く。司会も、それ以上強く制止しなかった。

—俺たちは今、この時を生きている—

—今年も、やりました。天国から、この熱気が見えますか—

ありったけの光と涙を集めたような光景に、自然と拍手が起きた。

*

翌朝、からりと晴れた日差しの中で、通洋は言った。

「陸前高田はかさ上げの途中だし、まだまだ全体が赤字続きです。漁獲高が落ちている影響もあって、三陸沿岸全体が回復していません。

醤油のことも、地域のことも、新しいことをやっていかないといけないので、今、醤油と海外食材とのマッチングとか、地域では、医療従事者を育てる教育の仕組みづくりなどをやっています。

高田地区については、ショッピングセンターと図書館が一緒になった商業施設が建つ予定で、この秋着工、来年四月竣工のスケジュールで動いています。図書館のすぐ脇に、八木澤商店のカフェも入る予定です」

見せてもらった完成イメージ図は、低層で、全体的に木のぬくもりを感じさせるような、温かみのあるデザインだった。

「今泉は……正直、どうなるかわかんないですね。かさ上げが終わるのが、予定で三年後ですからね。予定で、ですよ。それまで待てない人が多いです。人口は、昔の半分くらいになるんじゃないかって言われています。

陸前高田は一瞬で人口の二割がいなくなりましたけど、いずれ全国がそうなります。市としても数限りない挑戦をしてきたし、たくさんの失敗もしてきた。その数多くの失敗事例と、少しの成功事例は、日本の未来の処方箋になると思ってます。

人の流出も続いてますけど、実は震災後から比較すると、今の二〇歳から二四歳は一・四倍に増えてるんです。新規創業も多くて、なつかしい未来創造やいろんな活動の影響で、たくさんの団体や会社が立ち上がりました。

〝なんとなく不安〟っていうのが一番イヤなんです。将来こうなる、ああなる、って考えてるヒマがあったら、行動に移して未来を変えたほうがいい。行動すれば結果はついてきます。エネルギーや食糧の地域内循環も、実現できると信じてるので。

やっぱり、自分ができることであがくのが一番いいんじゃないですか？　そうするといろんないい出会いが生まれて、仲間ができて。

出会えた人たちと、持続可能な社会をどうやってつくるか考えて種蒔きしたり、水をやったりすること。そのことや、プロセス自体に幸せがあります」

取材を始めた頃と変わらないまっすぐな瞳で、通洋はそう言った。

通洋に別れを告げ、車に乗って目を閉じた瞬間、私はカモメのように舞い上がり、三陸沿岸の町を俯瞰しているような錯覚にとらわれた。

及川和志は、奇跡のもろみを発見した時の喜びを「更地になったところに、種を植える仕事」だから、と言った。

陸前高田の木挽き、佐藤直志は稲を育て、ソバの種を蒔いた。

及川和志は、漁民とともにワカメの種を植えた。

八木澤商店に震災翌年入社した、齋藤由紀の父も今、ワカメ養殖を再開している。

父のワカメ漁の手伝いが大好きだったという齋藤は二〇一四年冬、男の子を出産した。

震災の後、あんなに好きだった海が見られなくなってしまった、でも潮風の匂いが嗅ぎたくなる、という齋藤は、息子に「翠」と名付けた。翡翠色のワカメや海の色を重ねたのかもしれない。

齋藤と同期入社した星亜希恵は同僚と結婚し、二〇一五年冬、彼女もまた、男の子を出産した。

そして河野通洋は、もろみを育て、これからの時代をつくるための種を蒔き続けている。

あの日から、カモメたちは、津波でなぎ倒された大地の、海のそここに、種蒔く人々の姿を見ただろう。

ある時突然、歴史に残る大災害に遭遇し、生き残った者は、投げ込まれた渦の中でひたすらに日々を生き抜き、やがて茫漠とした時の流れの中で、生涯を揺るがした出来事は、年表の一行として記されるのみとなっていく。

　長い歴史の中で、幾度も津波に襲われながら、海に、山に腰を据え、営みを続けてきた三陸の人々。歴史に残らぬ、名もなき数多の人が蒔き続けた命の種が、今も継がれようとしている。

　遠ざかる陸前高田の空は眩く、夏の光に満ちていた。

あとがき

陸前高田に通うようになって驚いたのは、傷付きながらも、人々が語る言葉の美しさだ。老若男女問わず、なにげなく語られる言葉に、叙情性や、深い示唆を感じる瞬間がたびたびあった。

ある時、NHK盛岡の「おはようわて」の上原康樹（うえはらやすき）アナウンサーのブログを読んで、ひとつの謎が解けたように思った（陸前高田でたまたま見た、この方の天気予報が詩のような美しさで、帰京してから調べたのである）。

「私の天気情報が『詩のようだ』という印象は、

つまり、岩手の自然や景観そのものが、非常に高い精神性を感じさせるからだと思います。

岩手山のたたずまいひとつとっても、

幽玄、荘厳、優美、…それこそ星の数ほどの表情を持っています。

そのような『風景の精神性』に寄り添える心で文章を書き、アナウンスをすれば、

結果、詩のような天気情報が生まれる可能性もあると思います。」

（NHK盛岡放送局アナウンサー・キャスター通信　二〇〇八年十二月五日「詩のような天気情

報」より抜粋）

上原アナウンサーの言葉を借りるなら、岩手の高い精神性を持った豊かな自然と、そこに寄り添って生きる人々によって、この本はうまれた。

八木澤商店の河野和義・光枝ご夫妻、河野通洋・千秋ご夫妻はじめ、いつでも温かく受け入れてくださった皆様、また、本書を出版するにあたりご尽力いただいた祥伝社の高田秀樹さん、素敵な推薦文を書いてくださった糸井重里さん、支え続けてくれた家族、そしてこの本を手に取ってくださった皆様に、心より感謝申し上げます。

二〇一六年十月

竹内　早希子

【参考文献、資料】
・創業三〇〇年の長寿企業はなぜ栄え続けるのか　グロービス経営大学院／田久保善彦　東洋経済新報社
・ものと人間の文化史　桶・樽Ⅲ　石村真一　法政大学出版局
・ものと人間の文化史　麹　一島英治　法政大学出版局
・杉のきた道　日本人の暮しを支えて　遠山富太郎　中公新書
・日本の正しい調味料　陸田幸枝　小学館
・しょうゆの不思議　改訂版　日本醤油協会
・週刊朝日　２０１３年11月29日号
・戦略経営者　２０１１年７月号
・未来へ伝えたい陸前高田　タクミ印刷有限会社
・朝日新聞縮刷版　東日本大震災　朝日新聞社・朝日新聞出版
・気仙新聞　第７号
・株式会社八木澤商店二百年史　西田耕三　創業二百年記念事行実行委員会編
・地元学から学ぶ――講演会記録集――　立教大学ＥＳＤ研究センター

【Ｗｅｂ】
・陸前高田市東日本大震災検証報告書
http://www.city.rikuzentakata.iwate.jp/kategorie/bousai-syoubou/shinsai/kshoukokusyo.pdf
・陸前高田市東日本大震災検証報告書資料編
http://www.city.rikuzentakata.iwate.jp/kategorie/bousai-syoubou/shinsai/shiryou.pdf

・国土交通省　東北地方整備局　流された国道45号　気仙大橋
http://www.thr.mlit.go.jp/sanriku/10_iji/ofunato/index/■気仙大橋の記憶/HP　気仙大橋の記憶.pdf
・自然災害科学　J.JSNDS31-147-58（2012）47
タイムスタンプデータによる津波到達直前の陸前高田市内の状況の推定
http://www.jsnds.org/ssk/ssk_31_1_47.pdf
・しょうゆ情報センター　しょうゆの歴史　https://www.soysauce.or.jp/rekishi/
・しょうゆ情報センター　醤油の統計資料平成二十一年版　原料使用量の推移
https://www.soysauce.or.jp/arekore/
・平成二十一年米麦加工食品生産動態等統計調査年報（農林水産省）
・醤の郷　醤油の歴史　http://kelly.olive.or.jp/rekishi/index.html
・福井新聞オンライン　２０１２年9月21日
http://www.fukuishimbun.co.jp/localnews/earthquake/37022.html
・ブータン王国に学ぶリーダーシップの形　西水美恵子

http://www.rieti.go.jp/users/nishimizu-mieko/glc/004.html

・佐藤全　あすを拓く　http://www.zundanet.co.jp/o-ga-le/files/vol07/o-ga-le_vol07_03.pdf

・岩手県中小企業家同友会HP　http://iwate.doyu.jp/

・高田のひととひと　http://hito.natsu-mi.jp/nakano/itv_01.html

・防災拠点としての神社の役割　荒木眞幸　http://www.setatamagawajinja.jp/sinsai.html

・分権時代の新しい公を支える地域主体の構築 ―「地元学」による持続可能な地域づくり―　吉本哲郎
https://www.ryukoku.ac.jp/gs_npo/letter/images/letter08_04.pdf

・第3回環境思想シンポジウム2013年4月2日　講演（2）問いとしての「公害」の再提起――「環境」概念との連続と断絶をめぐって　友澤悠季（立教大学・明海大学非常勤講師）
http://www.momofukucenter.jp/wp-content/themes/momofuku/images/shizen_taiken/bulletin/hito_to_shizen2012.pdf

切りとり線

★読者のみなさまにお願い

この本をお読みになって、どんな感想をお持ちでしょうか。祥伝社のホームページから書評をお送りいただけたら、ありがたく存じます。今後の企画の参考にさせていただきます。また、次ページの原稿用紙を切り取り、左記編集部まで郵送していただいても結構です。

お寄せいただいた「100字書評」は、ご了解のうえ新聞・雑誌などを通じて紹介させていただくこともあります。採用の場合は、特製図書カードを差しあげます。

なお、ご記入いただいたお名前、ご住所、ご連絡先等は、書評紹介の事前了解、謝礼のお届け以外の目的で利用することはありません。また、それらの情報を6カ月を超えて保管することもありません。

〒101－8701（お手紙は郵便番号だけで届きます）
祥伝社　書籍出版部　編集長　萩原貞臣
電話03（3265）1084
祥伝社ブックレビュー　http://www.shodensha.co.jp/bookreview/

◎本書の購買動機

＿＿＿＿新聞の広告を見て	＿＿＿＿誌の広告を見て	＿＿＿＿新聞の書評を見て	＿＿＿＿誌の書評を見て	書店で見かけて	知人のすすめで

◎今後、新刊情報等のパソコンメール配信を　　希望する　・　しない

◎Eメールアドレス

@

100字書評

奇跡の醤

住所

名前

年齢

職業

本書売上の3%を、震災孤児の生活・就学支援のための『子どもの学び基金（陸前高田市教育委員会）』に寄付いたします。

奇跡の醤（きせきのひしお）
――陸前高田の老舗醤油蔵八木澤商店 再生の物語（りくぜんたかたのしにせしょうゆぐらやぎさわしょうてん さいせいのものがたり）

平成28年11月10日　初版第1刷発行

著　者　竹内早希子（たけうちさきこ）
発行者　辻　浩明
発行所　祥伝社（しょうでんしゃ）
〒101-8701
東京都千代田区神田神保町3-3
☎03(3265)2081(販売部)
☎03(3265)1084(編集部)
☎03(3265)3622(業務部)
印　刷　萩原印刷
製　本　積信堂

ISBN978-4-396-61584-0 C0095　Printed in Japan
祥伝社のホームページ・http://www.shodensha.co.jp/